名家科学眼

陈 淳 编著

远古人类
我们是猿人后裔吗

MINGJIA KEXUEYAN

上海科学普及出版社

图书在版编目（CIP）数据

远古人类：我们是猿人后裔吗/陈淳编著. — 上海：
上海科学普及出版社，2015.7
（名家科学眼）
ISBN 978-7-5427-6245-0

Ⅰ.①远… Ⅱ.①陈… Ⅲ.①古人类学－普及读物
Ⅳ.①Q981-49

中国版本图书馆CIP数据核字（2014）第221547号

策　　划　胡名正
责任编辑　张怡纳
统　　筹　刘湘雯

名家科学眼
远古人类
——我们是猿人后裔吗
陈淳　编著
上海科学普及出版社出版发行
（上海中山北路832号　邮政编码 200070）
http://www.pspsh.com
各地新华书店经销　　北京市艺辉印刷有限公司印刷
开本 787mm×1092mm　1/16　印张 8　字数 160 000
2015年7月第1版　2015年7月第1次印刷

ISBN 978-7-5427-6245-0　　　　　　　　定价：29.80元

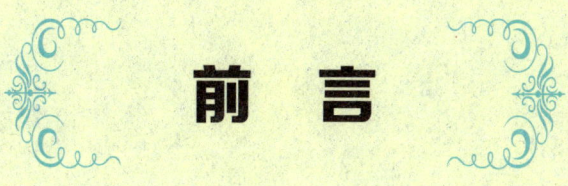

前　言

  我们人类从哪里来？当达尔文在 1871 年提出人类可能起源于旧大陆的一种古猿时，这一想法仍然是一种假设。当时既没有进化的化石证据，也不知道这一进化是怎样一个过程。一个多世纪来，人类起源的探索过程充满了传奇、轰动和曲折，其中包括南猿和爪哇猿人发现者所受到的嘲笑和委屈、中国猿人发现时在全球引起的轰动、东非古人类化石给我们带来的全新认识，还有源于对人类进化过程的误解所炮制出来的拙劣骗局……

  本书以故事的形式介绍对于远古人类探索的精彩片段。这些故事告诉我们，人类是怎样进化的，人类的先祖长得什么样子，其起源地在何处，当时的环境是怎样的，我们的远祖如何生活和制造工具，以及这些原始人类的思想和信仰。希望你在读完这本书之后，对人类的来历有一个粗浅的了解。

目 录

进化篇

人类从哪里来——神话、宗教与科学 / 2

从森林走向旷原——进化的起点 / 6

它是人类的远祖吗——拉玛猿 / 9

人猿揖别的始祖——地猿还是托麦人 / 12

镶嵌进化的种群——南方古猿 / 15

达尔文缺环——爪哇猿人 / 21

龙骨山的惊世发现——中国猿人 / 24

古老的智人——尼安德特人 / 29

我们的直接先祖——晚期智人 / 32

人类体质特征——演化轨迹 / 35

为何现代猿猴不能变成人——进化即特化 / 38

生存篇

狩猎与采集——古人类的生计 / 42

捕猎与被捕猎——弱肉强食 / 45

猎人还是腐食者——纠正一个误解 / 48

原始的工具——超肢体的适应 / 51

制造石器——技术的肇始 / 54

了解石器的用途——微痕分析 / 57

生存方式的革命——用火 / 60
人类迁徙——全球的足迹 / 63
重建古人类食谱——微量元素 / 66
农业起源——新石器时代革命 / 69

环境篇
气候变化——沧海桑田 / 74
动物群的变迁——动物考古 / 77
孢粉与植被——植物考古 / 80

信仰篇
最早的信仰——认知的进化 / 84
洞穴壁画——艺术还是巫术 / 88
古老的雕塑——意识的象征 / 91
墓葬和信仰——自我意识的肇始 / 94

探索篇
科学热点——我们是中国猿人的后裔吗 / 98
最早的美洲人——他们是从亚洲来的吗 / 101
夏娃理论——中国人来自非洲吗 / 105
印第安人——最早的美洲人 / 109
一支绝灭的人类——尼安德特人 / 114
人类未来的演化——祸兮福兮 / 118

进化篇

人类从哪里来——神话、宗教与科学

人类从哪里来？这是一个儿童乃至任何人都会询问的问题，又是一个不易讲清楚的问题。今天，我们知道人类是地球生物界的成员，是从古猿进化而来。但是，从哪一类古猿进化而来，它们长得什么样子，经过了何种发展历程，则是科学家至今仍在探索的问题。

圣经里的人类始祖——亚当与夏娃

在科学尚未昌明之时，人类对于自身来历的说法只能是一种猜测。许多神话常常把地球和人类的诞生描绘成有趣而动人的故事，而有些故事则被有目的地加以渲染，成为宗教的教义或经典的一部分，《圣经》中的"上帝造人说"就是一个例子。

中国古代有盘古开天地和女娲造人的传说。"盘古开天地"说的是，原来混沌的世界被盘古氏用巨斧劈开，轻的物质上升变成天，重的物质下沉形成地。之后，天每日长一丈，地每日厚一丈，盘古氏本人也每日高一丈。盘古氏死后，他的身体化为太阳、月亮、星辰、山脉、河流和草木。这个美丽的故事把世界万物形容成人的化身。但是，它没有说明盘古氏本人是从何而来，他显然是一个超自然的神。

在天地星辰、山川草木、虫鱼鸟兽出现之后，地球上还没有人，于是又出来一位女娲。她掘取地上的黄土，掺水

进化篇

圣经故事里的诺亚方舟

抟土，捏成人形。后来女娲嫌用手捏土造人太费事，于是用藤鞭沾上泥浆，挥动鞭子，泥点纷纷落地而成为芸芸众生，于是地球上便有了人的足迹。这种神祇用泥土塑人的传说在其他许多国家也很流行。比如，古埃及的传说中，人是被鹿面人身的圣神哈奴姆在制陶作坊里用陶土塑成的。在希腊神话里，普罗米修斯也用泥土捏出了人和动物，教会他们生存的本事，并从天上偷来火种。另外，中国古代秦始皇用陶土制作庞大的军队作为他陵墓的守卫者，历代墓葬也都用俑来陪葬，这里是否也有一种与人类起源有关的信仰？

在西方的《圣经》中，上帝创世用了六天时间，造了世界万物，包括人类。上帝第一天创造了光，以分昼夜；第二天创造了空气，以分天地；第三天创造了陆地、海洋和植物；第四天创造了星辰，分管时令；第五天创造了飞鸟和鱼类；第六天创造出男人、女人与牲畜。

然而，在人们的生活中，总会碰到种种与这些说法有悖的现象。比如，高山上的贝壳离海那么远，它们怎么会爬上山去的？地下有时发现一些奇怪的动物化石，如巨大的披毛犀、猛犸象和剑齿虎，它们生活在什么时期，又怎么会绝灭？而一些

达尔文像

早期博物学家常常从河边和洞穴中挖到用石头制作的工具,而且会发现一些看上去与我们不同,但显然是人的骨骼,他们又生活在什么时期,怎么会被埋在这里?特别是地质学的观察更令一些学者怀疑,地球的历史恐怕不止五六千年,因为有些沉积物只有经过极其漫长的时间才会形成。

18世纪法国古生物学家居维叶用"灾变说"来解释种种与"创世说"有悖的发现。他认为,在上帝创世之前,曾发生过多次大洪水,每次洪水淹死了地球上的生物,而后又会出现一批全新的生物。这样,人们所发现的山上的贝壳、不明不白灭绝的动物和人类,就可以解释为都是创世前大洪水的牺牲品,因此"灾变说"就可以自圆其说了。

1830年到1833年,苏格兰地质学家赖尔在他的划时代的《地质学原理》中提出了一种地质演变的"均变说",这一理论正好与居维叶的"灾变说"相反,认为现在地球上观察到的种种地质变化也发生于过去,过去的地质现象也是由和现在一样的动力所塑造的。所以,地球表面是由均衡一致的动力塑造,而不是周而复始的洪水。

赖尔的"均变说"对达尔文的进化思想起了决定性的影响。达尔文在1831年到1836年的环球旅行中所看到的世界各地生物之间细微结构的奇妙差异以及与适应之间的微妙关系,使他认识到,造物主的手笔不可能造就如此复杂的生物现象。他意识到物种的多样性及其细微差异有一个根本动力,这就是"自然选择"。

达尔文意识到自然选择的作用,但是无法解释这一作用的原理,他从英国牧师马尔萨斯的《人口论》一书中得到了启示,

讽刺达尔文的漫画

即人口以几何级数或倍数增长，而粮食资源却只能以算术级数递增，这两种动力必须保持平衡，于是疾病、战争和饥荒常常会限制人口的增长。将这一原理应用到生物界可以解释进化论的原理，即生物繁殖的潜力远远高于其存活个体的数量，说明生物存在很高的死亡率。那些能够存活的个体必然有其特点，也即对环境和竞争更为适应。子代和父母十分相似，但不完全相同，延续的物种会通过逐渐变化来改善自己的适应能力。

达尔文提出了"物竞天择，适者生存"的进化论学说，并且暗示，这种进化过程需要比《圣经》上所讲的五六千年更长的时间。进化论的意义不仅在于它涉及动植物的来历，而且也在于它触及了人类自身来历的问题。面对教会的势力，达尔文是极其谨慎的，他在《物种起源》中只有一句话提到人类起源的问题，他说："人类的起源与他的历史必将会得到昭示。"面对进化论，人类已经准备接受自己也是从某种动物进化而来的事实，而这种动物很可能是长满长毛的猴子或猩猩。

知识窗

每个民族都有自己的创世神话和传说，而《圣经》将上帝造人变成了一种教义。虽然今天科学昌明，但是，在今天的美国，人类究竟是从动物进化而来，还是由上帝创造的问题，仍然存在针锋相对的斗争。比如，1925年发生在田纳西州的所谓"斯科普斯猿猴诉讼案"，一位中学教师约翰·斯科普斯因在公立学校的课堂上讲授达尔文进化论而被判有罪。直至现在，一些宗教势力仍努力渗入各州的教务会而设法取消在私立学校的生物课上讲授进化论。面对科学的进步，宗教势力还变换手法，提出一种"科学创世论"，继续贩卖上帝创世说。

拓展思考题

1. 人类不同民族为什么会有各种创世神话和人类起源的传说？

2. 一种理论和思想不会凭空产生，达尔文提出进化论的过程受到了哪些经历和思想的影响？

3. 为什么在科学非常发达和普及的美国，仍然有人相信、提倡和捍卫上帝造人的神创论？仍然存在宗教与科学的对抗？

从森林走向旷原——进化的起点

人类从古猿进化而来，说明我们的远祖是生活在森林里的树栖灵长类，这些都是擅长攀援和四足行走的动物。而我们人类却是两足直立行走的动物。因此，直立行走是人类区别于其他猿类的显著特征。直立行走的出现，关键一步就是古猿下地，离开森林，走向旷原。

今天，科学探索的结果使人类从猿进化而来已成公认的结论。但是，人类是从哪种古猿进化而来，这一进化历程又是怎样发生的，还不能说完全清楚了。其中一个原因是我们最早的灵长类祖先是生活在热带雨林中的动物。在这种环境里，动物的骨骼化石很难保存下来，所以可供研究的实物证据非常有限。科学家只能根据一些与早期灵长类十分相似的动物来推测我们最古老祖先的模样和它们的生活习性。

灵长类动物是生物进化中智慧最高的动物，猿猴与人类都归于此类。灵长类的起源可以上溯到大约距今一亿年的中生代白垩纪，但是由于中生代恐龙仍然十分繁盛，所以这种受压抑的早期哺乳动物不能充分发展，一直要到恐龙灭绝后的新生代，它们才能出头。

科学家们认为，早期灵长类很像是今天生活在亚洲丛林中的树鼩和鼯鼱，这类动物大小如松鼠，长有长长的尾巴，在树木顶端攀缘，寻找昆虫

类似灵长类祖先的眼镜猴

与果实。这种树栖的生活造就了人类以后发展所必须具备的体质特征。

首先，树栖生活使早期灵长类的爪子变成了指甲，便于攀缘，手指、脚趾变长并变得非常灵活。树栖生活促使早期灵长类经常保持直立的姿势，而在树上的运动使灵长类的神经系统得到发展，以便能精确控制肌肉运动，增加了大脑的灰质层。树栖生活还需要准确的立体视野，使早期灵长类的脸部结构发生变化：头骨变圆，双眼移到了脸的正前方，眼睛对暗淡光线敏感而且能分辨颜色。总之，树栖这种比较复杂的运动和生活方式，使灵长类发展出较大的脑量，所以今天我们人类的许多重要特点应当说是在树栖的早期灵长类祖先身上塑造成形的。

从早期灵长类祖先开始，后来又辐射出许多种类的灵长类，其中有一支向猿类发展。而人类则是从某种古猿演化而来。猿类比猴类进步的地方表现在：猴类总是四足行走，猿类却是半直立行走，因而手臂更为灵活；猿类的头和脑量比猴类更大，体形也大，双眼视觉更为完善，而且没有尾巴；此外，猿类的臼齿有五个齿尖，而猴类只有四个齿尖。

目前所知，最早的猿类是在埃及法尤姆发现的一种"原上猿"，距今3500万年到3000万年。这种猿类个体仍然很小、很原始，样子像猴，但是它的臼齿已有五个齿尖，说明这时猿类、猴类已经分化。在法尤姆还找到过一种埃及猿，头颅大、吻部突出，仍然像猴子，而且长有尾巴。但是它的臼齿已和猿类及人一样，长有五个齿尖。这些早期猿类仍然生活在树上。

在大约距今2000万年到1400万年的中新世，欧洲、亚洲和非洲生活着一批种类有别、形态各异的猿类，叫森林古猿。更新世和现代的大部分猿类是从森林古猿进化而来的，而其中一支下地发展，开始向人的方向进化。这支森林古猿可能因为树上的竞争过于激烈，食物有限，于是下地觅食，逐渐在森林的边缘、开阔的林地以及湖泊周围的草地环境中觅食与生存。这种栖息方式和食物种类的变化改变了这支古猿的演化方向。古猿下地生活促使他们的体质形态进一步发生变化。它们大部分时

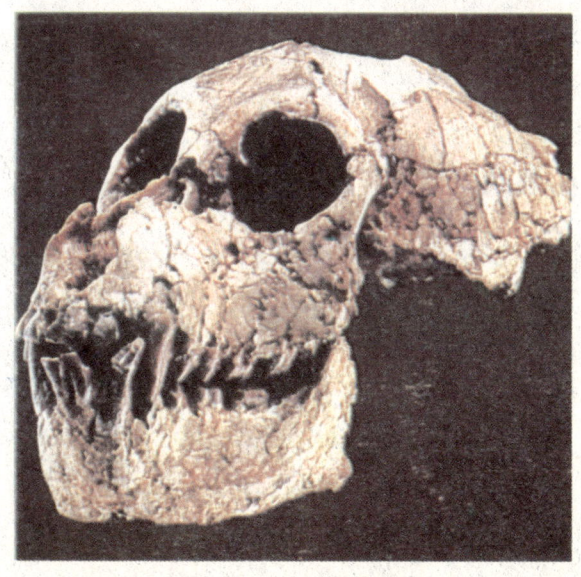

埃及法尤姆发现的古猿头骨

森林古猿的生活场景

间采取直立的姿势，用前肢采集食物，或拿简单的工具进行劳动，并常常要从一个地方向另一个地方迁徙觅食，而群居的生活方式使得个体之间需要更多的交流。于是，这些猿类变成了杂食性的动物，臼齿变得低而圆，前臼齿臼齿化，门齿和犬齿变小，以强化咀嚼功能。直立的姿势使头颅移到了脊柱的正上方，肩胛骨和锁骨变得更加便于上臂的运动，腰部的脊柱有了明显的曲线，重心向股骨外髁传递，脚趾变短，五趾并拢。所有这些特征已不再适于树栖，而是能步行和奔跑的一种复杂运动的有机体的特征。这种复杂运动机制的体质构造，为人类区别于猿类最重要的两项特点——语言和制造工具的出现奠定了基础。

知识窗

在人类起源研究中，我们对森林古猿的了解还很有限。原因有两个：第一森林古猿种类繁多，谱系关系十分复杂。第二森林古猿的遗骸在湿热的森林环境里很难完整保存下来，为今天提供丰富可靠的化石材料。

拓展思考题

1. 树栖灵长类的生活方式对我们人类体质特征有什么影响？我们身上的哪些特点是树栖灵长类遗留给我们的？

2. 古猿为什么会下地行走？这对于后来人类的起源和进化有什么决定性的影响？

3. 人们常说人是猴子变的，但是猴子和猿是不同的，它们的主要区别在哪里？

它是人类的远祖吗——拉玛猿

由于人类的远祖是生活在森林里的动物,因此它们的骨骼很难保存下来。被发现的都是十分破碎和残缺的化石。最初拉玛猿就是根据这类材料定义的一类人类祖先。后来在印度和巴基斯坦以及中国发现了更多的化石,它的种系地位才被搞清楚。中国禄丰发现的材料十分丰富,主要埋藏在煤矿里。

在许多介绍人类起源的书籍中常常会提到一种名叫拉玛猿的古猿,它曾被认为是人类最古老的祖先,并且被归入人属之中。但是,近来这种观点又有了变化。

早在 1932 年,美国耶鲁大学的一位名叫刘易斯的研究生随考察队来到印度与巴基斯坦交界的西瓦里克山区。有一天,一名当地人给他看一块破损的动物化石。刘易斯看到这是一块古猿的右上颌化石,带有两颗前臼齿和两颗臼齿,以及门齿和犬齿的齿槽,他感到十分惊奇。回国后,刘易斯在研究中觉得这块古猿化石有许多类似于人的特点。比如,复原的齿弓呈抛物线形,这与人的齿弓相似,而和猿类的齿弓不同;化石标本的犬齿很小,犬齿与外侧门齿之间无齿隙,吻部较短,这都是人的特点,与猿类犬齿大、有齿隙、吻部突出的特点不同。据此,刘易斯在 1934 年发表的研究报告中将此化石定为一个新属新种,并用印度神话中一位神祇的名字将其命名为拉玛古猿短吻种,简称拉玛猿。

1937 年,刘易斯在他的博士论文中正式将拉玛猿归于人属。这一看法马上遭到了权威们的反对,认为以前从未有人将这么早的中新世古猿看做人科的早期成员。权威们认为,这块上颌骨只不过是一个小的雌性猿类的。于是,这个问题便不了了之,化石被搁到耶鲁大学的标本柜里睡大觉去了。

直到 20 世纪 60 年代,耶鲁大学的古人类学家西蒙斯重新注意到了这块化石,于是对它进行了再研究。从 1961 年起,他发表了一系列的文章来讨论拉玛猿的地位,认为拉玛猿应当是最古老的人科动物,是人类最早的直系祖先。由于西蒙斯在人类学界的地位和他所掌握的详尽资料,他的观点在学术界产生了很大的影响,因此在很长的一段时间里,拉玛古猿被公认为人类最古老的远祖。

到了 20 世纪 70 和 80 年代,科学家发现,拉玛古猿的化石总是和另一种西瓦

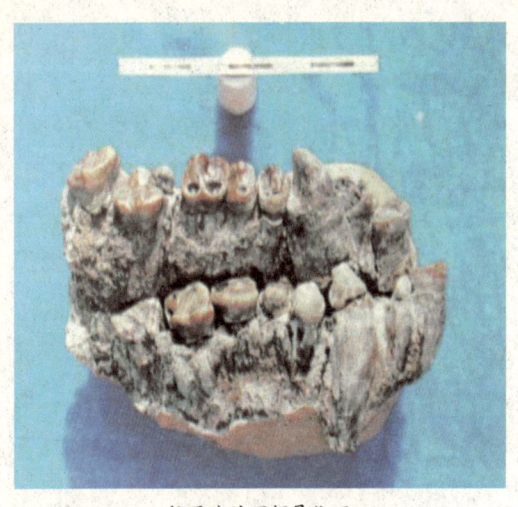

拉玛猿的下颌骨化石

古猿的化石一起出土，而这两种化石猿类的体质差异从现代猿类雌雄个体差别来分析，无论大小和形态都十分相似。因此，有些学者提出拉玛猿可能是西瓦古猿的雌性个体，它们是存在性别差异的同一物种而已。如果这种怀疑属实，那么拉玛古猿的人类远祖地位就要被否定。

20世纪70年代末，异军突起的分子人类学，使古人类学家从另一角度来探索人类演化的时间和地点成为可能。人类和现代类人猿蛋白质大分子的异同可以指示人类和类人猿分离的先后和时间。分子人类学计算表明，人与黑猩猩和大猩猩的关系最近，亚洲的猩猩次之，与长臂猿的关系最远。根据这种计算，人类与长臂猿的分离时间大约在1200万年前，与猩猩的分离时间约在1000万年前，而与黑猩猩及大猩猩的分离时间大约在600万~400万年之前。这表明，以前认为人类远祖拉玛猿在1400万年前已经与猿类分离的看法与此有很大的出入。于是，分子人类学的人类起源框架一时遭到了古人类学家的反对，认为用现代人类与类人猿的分子材料来计算人猿分化的时间并不可信，真正有说服力的还得靠化石证据。

到了20世纪80年代，分子生物学的技术又有了进一步的发展，分子人类学家可以用DNA来测定人猿关系，对这种方法的有效性也有了更深入的了解。另一方面，古人类学的发现也有了新进展。

从1973年起，美国古人类学家皮尔比姆与巴基斯坦地质调查所合作，到巴基斯坦的波特瓦尔高原寻找拉玛古猿化石。经过多年的辛勤工作，他们找到了丰富的拉玛猿和其他哺乳动物的化石。最令人兴奋的是发现了一件颇为完整的拉玛猿下颌骨，它左侧有三颗白齿，右侧仅存一颗第三白齿。这件下颌骨的齿弓保存完整，显示了前面窄、两侧向后张开的U形齿弓。这说明，当年刘易斯根据一块上颌残片复原的抛物线齿弓是不准确的。在巴基斯坦的新发现使古人类学家更清楚地了解到拉玛猿和西瓦猿之间的共同特征以及它们之间的两性差异，最终使科学界认定，拉玛猿与西瓦猿之间的差别是同一物种的雌雄个体差别，拉玛猿与西瓦猿其实是同一物种。于是，拉玛猿的属名被废除，在分类上划归西瓦猿。拉玛猿终究未能成为人类的直系祖先，那么它们究竟是哪一种猿类的祖先呢？到目前为止，大部分学者认为，从牙齿形态比较，西瓦古猿与亚洲的猩猩非常相似，所以很可能是现在生活在东南亚的猩猩或褐猿的祖先。

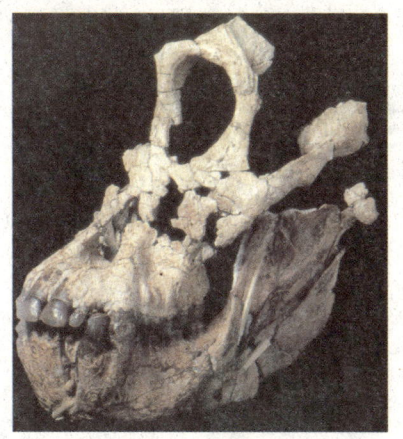

西瓦古猿的化石

西瓦古猿复原图

知识窗

在科学探索中，材料的丰富性对正确判断固然重要，但是科学家的主观认知也不可忽视。在对拉玛猿的误判中，主观因素起了一定的作用。一个主观认识是将两块古猿上颌骨凭主观想象为似人的抛物线形而非猿类的U形；另一个主观认识是以为人猿祖先分化的时间应该在一千万年前。

拓展思考题

1. 刘易斯将拉玛猿化石判断为人类的直系远祖是根据什么理由？后来它被否定的理由是什么？

2. 科学家为什么将拉玛猿和西瓦古猿合并？科学家认为这种古猿是哪类灵长类的祖先？

3. 中国云南的禄丰也出土了许多西瓦古猿的化石，都是发现在煤矿里，为什么古猿的化石会和煤炭共生？

人猿揖别的始祖——地猿还是托麦人

> 我们和其他类人猿如大猩猩、黑猩猩、长臂猿和褐猿都是从同一条树干上分化出来的旁枝，但是时间各有先后。人类远祖最后是与黑猩猩的远祖分道扬镳，各自进化的。而分手的时间以及分手后的早期代表因为遗传学的进展和新化石的出土，到现在才有了点眉目。

学界过去一般以制作工具为真人的标志，因此与石器共生的"能人"被归入人属。1960年代，人类学家珍妮·古多尔在对黑猩猩的长期研究后认为，黑猩猩具有许多原来被认为是人类特有的行为特点，包括使用工具。于是人类学家们认为两足行走应该是人猿分化之后最重要的变化，因此他们从直立行走的确立来追溯人类的先祖。

卷尾猴用卵石砸击核桃

黑猩猩用工具钓白蚁

与此同时，分子人类学家开始采取一种革命性的方法——分子钟来确定人猿分离的时间。美国加州大学伯克利分校的分子人类学家在比较了人、猿和猴血清白蛋白之后发现，人、黑猩猩和猩猩的血清蛋白存在1%的差异，人和猿大概是在500万年前分道扬镳的。这个年代要比当时大部分古人类学家推断的年代要晚得多。1980年代以后，DNA技术的改进已经能够更加精确地推断人和猿的亲缘关系，这一方法表明人和黑猩猩的关系最为接近，并且推算出人与黑猩猩分手的时间大约在800~500万年之间。

近年来，一系列出土化石新材料的年代开始逼近人猿揖别分手的界线。1994~1995年，在埃塞俄比亚别阿瓦什中部地区找到了比阿法种更原始、比南猿更接近猿类的人科化石。这批显示出黑猩猩和人类混合特征、代表17个个体牙齿和骨骼的物种被命名为一新属新种"地猿始祖种"，生存年代为距今440万年。后来又在附近找到了更早的、至少代表5个个体的化石材料，既显示了晚期人科成员的共同特点，也表现出现生猿类的一些特点。这批材料的年代比地猿始祖种更古老，达580万年。它们被命名为"地猿始祖种家族祖先种"，于是440万年的"地猿始祖种"被改称为"地猿始祖种始祖亚种"。

地猿的化石

地猿作为人类先祖的地位刚确立，一支由法国和肯尼亚科学家组成的联合研究小组公布了他们在肯尼亚图根山区发现的12件化石，包括破碎的腿骨、臂骨及一些牙齿。这批绰号叫"千僖人"的材料被发现者认为是一种前所未知的属

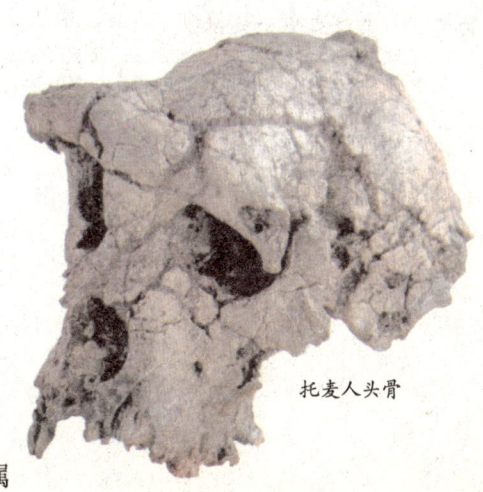

托麦人头骨

种，学名叫原初人图根种。"千僖人"的年代测定在 620 万 ~560 万年之前，要比地猿始祖种还早 150 万年。

当学界正在为"千僖人"感到惊讶和争论不已的时候，2001 年在乍得丢拉伯沙漠中又惊现一具头骨、一个下颌骨和一些牙齿。这批新材料被命名为撒海尔人乍得种，绰号"托麦人"，年代距今 700 万年。这具头骨因为受挤压而变形，三维电脑绘图技术复原后的头骨性状表明，其特征处于人科的变异范围之内，而无法与黑猩猩和大猩猩的头骨特征吻合。复原也表明托麦人是直立行走的。

知识窗

地猿、"千僖人"和"托麦人"的谱系地位以及哪一个才是人类真正的直系先祖还有争论。但是人类进化的总体趋势大致如下：大约在 600 万年前人猿分化，关键的转变是直立行走。大约在 250 万年前人类开始制造石器，真正的人属诞生。大约在 200 万~100 万年前人类脑量迅速增加，最后在 20 万年前进化到现代人种。

拓展思考题

1. 过去科学界以制造工具作为人和猿分野的标志，现在为什么改用直立行走的标准？

2. 现在科学家还能用什么方法来确定人类与其他类人猿之间的遗传关系和分化时间？

3. 古人类学家用什么方法在缺乏身体和双腿骨骼的情况下来确认某化石头骨的早期人类是直立行走的？

镶嵌进化的种群——南方古猿

半个世纪之前,在中国猿人被发现之初,人们还以为它还是从猿向人过渡阶段的代表,人类进化是一条直线的过程,而且演化过程比较短,大约只有五六十万年。现在的证据表明,人类进化过程像其他动物一样有许多亚种的竞争。南方古猿就是最好的例子,现在被古人类学家定名的南猿有十一种之多。

1924年,南非约翰内斯堡特瓦特斯兰德大学的解剖学教授达特,从他的学生手中获得一块独特的狒狒颅骨化石,化石是在离约翰内斯堡约300千米处一个叫塔昂的采石场发现的。为了获得更多的化石,达特说服了采石场的业主为他保存带有化石的岩石。不久,两只装满化石的箱子送到了他的家里。在第一只箱子里,达特并未发现他感兴趣的东西,而在打开第二只箱子时,他马上发现了一件奇怪的标本,它的圆形轮廓看上去像是一件头骨的脑内模,于是达特开始翻箱倒柜查看有没有可与这件标本吻合的其他化石。幸运的是,达特找到了一块破碎的头骨以及一块下颌的后半部分。任何灵长类动物的石化脑内模都是重要的发现。当达特仔细观察这件标本时,发现这不是狒狒的头颅,因为它的脑量要比古代狒狒大3倍,甚至于比今天黑猩猩的脑量还大。一个激动人心的想法不禁使达特拿着化石的双手颤抖不已,因为他意识到他很可能握着猿和人之间的缺环。

达特与塔昂幼儿的头骨

达特首先要做的是将头骨的其他部分与石灰岩分离开来。用锤子、凿子和编织针忙碌了几天，达特修出了化石的前额和眼眶，一个不可思议的脸部终于显现，它不像化石狒狒那样长有一个前突的颌部和很大的犬齿，它的下颌较小，脸部较为平直，没有猿类那种粗壮的眉脊。达特常会从梦中醒来思考：什么样的一种猿类会在遥远的过去生活在南非的高原上？今天的猿类都生活在热带的森林中，而南非在几千万年中根本没有这种森林。史前期的南非一直是干燥的旷原，就像今天的景观，难道有一种猿类会在干燥的旷原上生存？

达特继续他的工作，经过了两个多月的埋头苦干，他终于将头骨与岩石分离，这是一件年仅五六岁的幼童头骨，全套乳齿保存完整，恒齿开始萌出，像人一样，它的犬齿很小。而从枕骨大孔靠前的位置判断，这个幼童已具有直立行走的能力。但是，达特觉得塔昂幼童的脑量仍然很小，不大可能是人。1925年，达特在英国的《自然》杂志上宣布，他找到了一种人类的远祖，并将它称为南方古猿。

但是，达特的结论遭到了学术界的非议。大多数权威人士认为，这只不过是黑猩猩或大猩猩的年幼个体。他们所关心的只是黑猩猩和大猩猩怎么会跑到南非的旷野上来。学术界难以接受塔昂幼童作为人类祖先的另一个原因是后来被证明是伪造的皮尔唐人的误导，塔昂幼童直立的身躯和过小的脑量与皮尔唐人完全相反。于是，达特和他的塔昂幼童逐渐被人所淡忘。

尽管达特遭到了学术界的冷遇，但是他得到了一位苏格兰古生物学家布鲁姆的祝贺与鼓励。后来，布鲁姆成为南非比勒陀利亚特兰斯瓦尔博物馆古脊椎动物馆的馆长。布鲁姆十分关注南非一处叫斯特克方丹的金矿区，因为其间常有化石出土。1936年8月7日，他从矿区经理手中获得一块脑内模化石，他马上赶到矿区，整整忙碌了两天，找到了脑壳和上颌骨，当这些化石碎片拼复以后，布鲁姆认出，这是一件成年南方古猿的头骨。

整整3年，布鲁姆成了矿区的常客。1938年6月，他从经理处获得了一块上颌骨。当他得知化石来自克罗姆德莱的一名学生时，他马

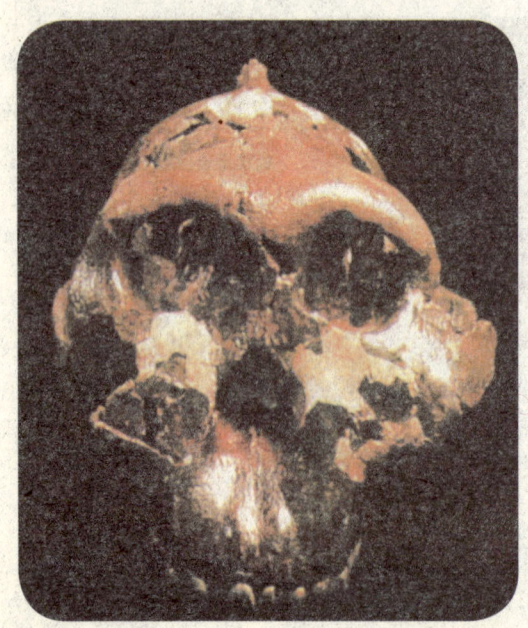

傍人的头骨

上设法找到了他。他们赶到现场，花了整整两天，筛选出许多碎骨和牙齿。当骨片被拼合到一起时，布鲁姆发现这件头骨十分特别。这个南猿的脸很平，下颌骨厚重，门齿和犬齿很小，臼齿很大。这件标本与塔昂幼童的标本差别如此之大，看来南非曾经生活过两种形态迥异的南方古猿。一种是达特命名的南猿非洲种，另一种就是这种新发现的南猿，布鲁姆把它叫做"傍人粗壮种"。几年后，随着材料的积累，科学家们能够确定南猿确有两种类型，非洲种较纤细，体重在 36～45 千克，而粗壮种体形较大，体重在 68 千克左右。

后来，布鲁姆在斯瓦特克兰找到了更多的化石证据。但是，新材料却使问题变得复杂了。在两种南猿中，粗壮种生活的时代较晚，但形态更为原始，它们的牙齿与非洲种相比更不像人。它们的臼齿极大，头顶有突出的矢状脊，说明它们的咀嚼肌非常发达，是植食性的，像今天的大猩猩，每天要吃大量粗糙的食物。根据与粗壮种南猿共生的动物群都是绝灭种类，布鲁姆推测它们生活的年代至少在 100 万年前，而非洲种更早，在 200 万年以前。

布鲁姆的看法遭到了学术界同行的嘲笑，在皮尔唐人的误导之下，他们实在难以想象只有黑猩猩脑量的南方古猿居然能像人一样直立行走与奔跑。直到二次大战结束，南猿仍未被学术界所接受。

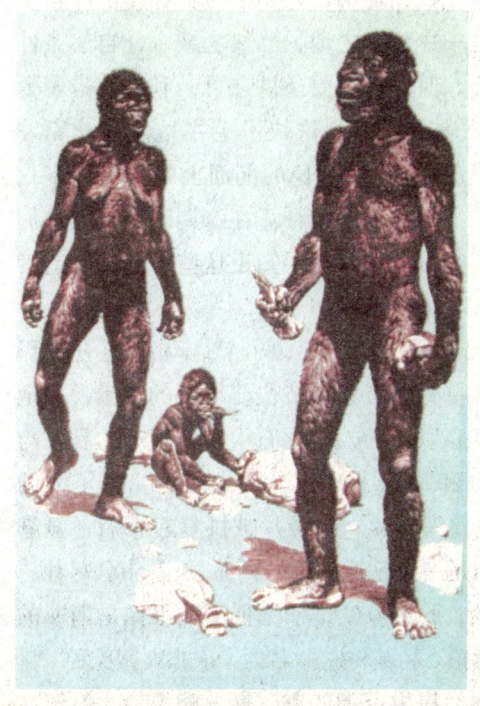

非洲种南猿

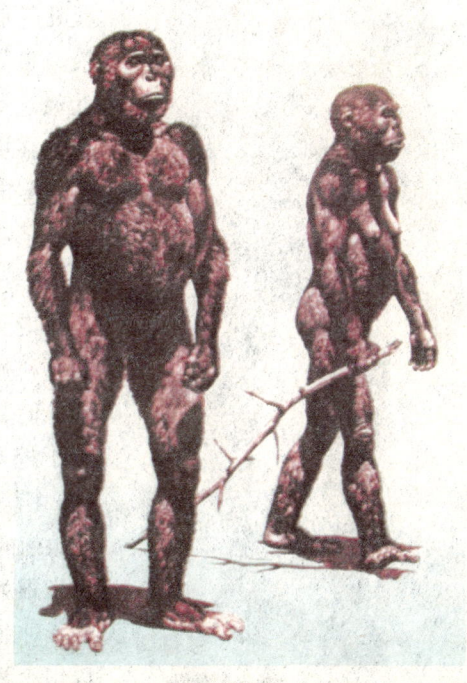

粗壮种南猿

布鲁姆并不灰心，1947年他重新开始在斯特克方丹的工作，陆续发现了新的材料，证实南猿能直立行走与奔跑。到1949年，南非的洞穴中已发现了三十多件南猿个体的化石，到20世纪50年代中期，南非共有五处遗址出土了几十件南猿非洲种和粗壮种的化石，而且发现：非洲种年代越古老个体越小，它们的体形是逐渐增大的；而粗壮种所处的时代总是较晚，而且在整个生存的时期中体形变化不大。

到现在，科学家终于弄清，大约在280万年前，南非只生活着南猿非洲种，它们不会制造工具。到了200万～150万年前，这一地区生活着两种人科动物，一种是南猿粗壮种，另一种是会制造工具的南猿纤细种，粗壮种南猿最后绝灭了。

花开两朵，各表一枝。当达特与布鲁姆在南非苦苦寻找人类远祖时，另有一位探索者也在东非默默地工作，他就是肯尼亚内罗毕柯林顿纪念博物馆馆长路易斯·利基。东非的奥杜威峡谷保存着完好的更新世地层，出露有丰富的动物化石。早在1911年，一位德国昆虫学家发现了这块宝地，并通知了利基，请他关心这一地区的工作。但一直到1931年，利基才找到赞助，开始了对奥杜威的考察。奥杜威是一片荒蛮之地，酷热、缺水，自然条件极为艰苦。但是，只要条件许可，利基就带着妻儿经过长途跋涉来到这块不毛之地寻找化石。他们在奥杜威90多米长的剖面上找到了许多化石，鉴定了100多个物种。在这期间，虽然他们发现了一些石器，但是不知道这些石器的制造者是谁。

老天不负有心人，1960年，利基的妻子玛丽·利基在野外考察季节快要结束的一天，发现了他们梦寐以求的人科化石。发着高烧的利基与妻子挖掘和筛选了好几吨的岩屑，找到了大约400多块骨头碎片。碎骨片被拼复起来后，显露在眼前的是一个已近成年的男性，头骨十分粗壮，臼齿很大，脸部厚实，额部低平，很像是南非的粗壮种南猿。利基将它命名为"东非人鲍氏种"，以纪念为他提供资助的查尔斯·鲍伊斯。由于在

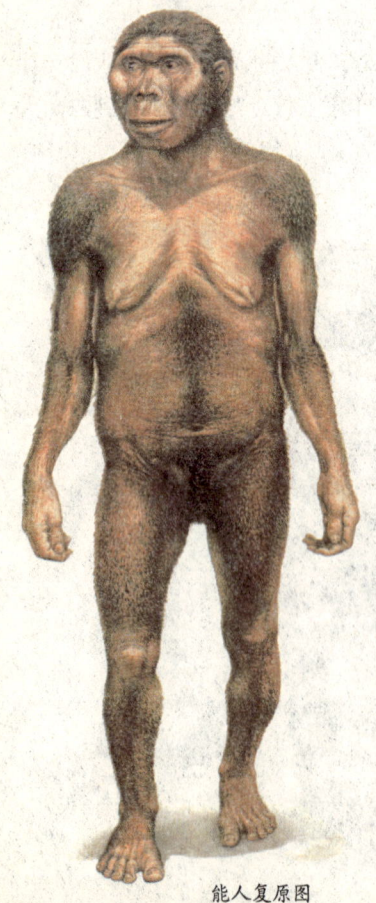

能人复原图

东非人化石附近发现了石器和动物骨骼碎片，利基认为东非人会制造工具并能猎取和利用动物。

但是1960年，利基夫妇的儿子乔纳森在发现东非人化石的地点又发现了一具人科动物化石，这具化石比南猿非洲种更像人，利基认为它才是工具的制造者，于是将它命名为"能人"，而原来的东非人被重新命名为"南猿鲍氏种"。利基夫妇后来在奥杜威找到了一系列的能人化石，它们常与粗壮的鲍氏种共生。

1967年，一次偶然的发现导致了一项大规模联合发掘计划的实施。利基的次子理查德·利基与已故美国著名考古学家艾赛克在肯尼亚图卡纳湖以东的库彼福勒找到了非常丰富而且保存良好的南猿标本，大部分属于南猿鲍氏种。他们基本确定了南猿粗壮种与鲍氏种体型有差别，可能是地理隔离的两个粗壮种的亚种，同时还将它们的生存年代上推至250万年前。

1972年，他们在图卡纳湖以东的卡拉里发现了编号为1470号的头骨，用钾氩法与动物群两种断代方法测定的年代大约在200万年前。该头骨的脑量约有775毫升，而且重量较轻，眉脊较弱，分类上归于人属。科学家认为，这种人科动物脑量大，有更强的适应能力，很可能促使了粗壮种南猿的绝灭。

1973年，一支法、美联合考察队在埃塞俄比亚北部一处叫哈达的不毛之地，找到了一具300万年以前的南猿骨架，他们将它命名为"露茜"。这种南猿个体矮小，但已能直立行走，是一种更古老和更原始的南猿，被定为"南猿阿法种"。

东非大量南猿化石的发现，使科学家们判断人和猿大约在500万年前已经分道扬镳。250万年前人科动物的进化至少有两支，阿法种南猿最古老，后来演化出非洲种和能人；粗壮种大约在250万年前出现，它们与非洲种、能人甚至直立人平行生存了100多万年，大约到100万年前绝灭。

南猿化石材料的发现和研究改变了科学界和公众的一些成见，即认为人类的演化过程是一种直线的递进历程。事实表明，人类的演化是极其复杂的，在更新世早中期，存在着好几种人科动物，它们在各自的生态环境里竞争和发展。其中那些更为进步的种类由于智力更胜一筹，使得那些较为落后的近亲如粗壮种南猿最后趋于绝灭。早期人类的演化，是从南猿中的进步类型——能人进化到猿人或直立人。

知识窗

在20世纪初，科学界认为人类起源的摇篮可能在亚洲或非洲，理由是现生的类人猿都分布在这两大洲，因此人类的远祖也可能有相似的起源地。达尔文倾向于认为非洲是人类的摇篮,而与达尔文共同建立进化论的华莱士则认为亚洲是人类的摇篮。然而,当时西方学者觉得非洲大陆过于愚昧落后,因此偏向于相信人类的亚洲起源说。后来,瑞典和美国还向中亚派遣了科学考察队,前往蒙古高原寻找人类的伊甸园。后来,中国猿人的发现似乎证实了这个预言。但是,到了20世纪50年代末和60年代,大量古人类化石在东非和南非出土,才改变了这种看法。

拓展思考题

1. 解剖学教授达特判断塔昂幼儿可能是人类直系远祖的依据是什么?
2. 当时科学界否认达特教授意见的理由是什么?
3. 南方古猿进化的大致过程是怎样的?

达尔文缺环——爪哇猿人

一百多年前，从猿到人的进化只是一种假设。达尔文根据现代类人猿的分布预言非洲可能是人类起源的摇篮，而与达尔文一起确立了自然选择理论的华莱士则认为亚洲是人类谱系的源头。由于非洲过于落后，所以科学界比较青睐亚洲。而且，大家都不知道人类远祖长得何种模样，而且还有一些完全错误的认识，于是对于像爪哇猿人的早期发现，就充满了怀疑和争论。

19世纪中叶，达尔文进化论的确立为人类自身起源的探索铺平了道路。但是，在强大的教会势力面前，达尔文仍然是极其谨慎的。在他划时代的著作《物种起源》中，达尔文只用了一句话点到了人类的来历，他说："人类的起源与他的历史必将会得到昭示。"即使是这样一句话也使教会势力无法容忍，这一说法被教会冠以亵渎上帝、损害人类尊严的罪名予以声讨。由于达尔文有关人类起源的看法只是一种假说，没有任何实物证据，因此，为了要探索人类起源，人们必须寻找到确凿的化石证据。

1868年，德国生物学家、达尔文进化论的支持者海克尔在《自然创造史》一书中，提出了关于人类演化谱系的一种假说，认为人类是从类人猿发展到"不会说话的猿人"，再经过"愚昧人"进化到现代人。他把"猿人"称为人类进化的缺环，并预言，猿人生存的时代在第三纪，并很可能居住在亚洲的热带地区。

海克尔的著作深深吸引了荷兰一位年轻的解剖学讲师杜布哇，他下决心要找到这种人类进化的缺环来证实人类演化的理论。在杜布哇出生之前两年，也就是1856年，德国杜塞尔多夫的尼安德特峡谷出土了被称为"尼人"的骨骸，但是被一些学者认为是白痴的头骨。杜布哇相信尼人化石肯定属

杜布哇像

特里尼尔外景

于人类,他认为尼人代表了猿人与现代人之间的进化环节,而比尼人更古老的人类一定生活在热带地区。

29岁那年,杜布哇开始着手解决人类起源之谜。他的眼光放在印度尼西亚的苏门答腊,因为当时印度尼西亚是荷兰的殖民地,而那里又是褐猿的栖息地。杜布哇向政府和有关基金会申请资助都遭到拒绝,最后他只能以随队军医的身份前往苏门答腊。在开始两年中,他钻遍了那里的洞穴,找到了不少褐猿的牙齿。

1891年,杜布哇在爪哇岛的特里尼尔村的梭罗河边挖到了丰富的动物化石,其中有一件看上去像是龟甲的厚重化石。当泥土被清除后,这块化石很像是人的头骨,但是脑壳要比现代人低平得多。第二年,杜布哇又在附近找到了一件左腿骨化石,表明这个动物已能直立行走。杜布哇在研究了特里尼尔村的化石之后宣布,头骨和股骨属于同一个个体,并将这个动物命名为直立猿人。

杜布哇尚未回到荷兰,他的发现已引起轩然大波,并使他深陷其中而且困扰终身。有些专家坚持认为,这两件化石根本不属于同一个个体,杜布哇把人的股骨和猿的头骨搅到了一起。荷兰动物学会的一位专家于1893年在当地报纸上撰文嘲笑杜布哇在玩拼板游戏,他说如果在遗址附近再发现一个像人的头骨,那么这个动物是否长有两个脑袋,一个像人一个像猿?

杜布哇的发现也与当时学术界所认为的人类祖先形象相左,当时学术界的有些专家认为,人类的远祖应当有一个大脑量的头颅和一个像猿的身躯。对于那些不愿承认人类与猿类祖先有任何亲缘关系的人，这一发现完全是一种挑衅。教会人士迫不及待地宣布，人类是从亚当而来，在爪哇发现的那种半人半猿的野蛮动物决不可能是人类的祖先。

即使在化石运抵荷兰，人们亲眼目睹标本之后，争论仍然没有任何平息的迹象。1895年，在杜布哇回国后的第六周，当他向国际动物学会展示他的标本时，马上就爆发了如何确定爪哇猿人进化位置的激烈争论。不同观点似乎以国籍分界，大部分德国科学家认为爪哇猿人是具有人类特征的猿，而大部分英国人认为这是一种具有猿类特征的人，美国专家倾向于认为这是一种过渡性动物。

杜布哇为他的同行提供尽可能详细的有关爪哇猿人的信息，在欧洲的学术会议上展示他的标本，只要有人想看，他总是提供方便，并且发表了非常详细的描述文章。他还发明了一种立体照相技术，以求能从各个角度拍摄猿人标本，不使它走样。他做了一具猿人的复原像，叫他的儿子扶着到处展示，所到之处他总是带着装有化石的手提箱随行，化石成了他形影不离的伙伴。

尽管杜布哇费尽心思向世人证实他的发现的重要意义，回答他的却总是怀疑和嘲笑。他也深深为科学界拒绝他的发现而痛苦，一气之下将化石锁在了他餐厅的地板下面，不再向人展示。

由于对爪哇猿人到底是人还是猿，抑或是半人半猿存在极大的争议，这一发现在某种程度上只会增加麻烦而不可能澄清事实。因为当时的科学界根本不知道人类的祖先应该是什么样子，人类是怎样演化的，所以关于爪哇猿人的争议只有靠更多的发现来解决。

知识窗

对于人们一无所知的事实，科学新发现总会遭到误解、嘲笑和打击。杜布哇的命运也在南非解剖学家达特身上发生过，这种遭遇只能由更多的发现来解决。而拯救爪哇猿人命运的就是中国猿人的发现，后者成为二十世纪最重要的发现之一。

拓展思考题

1. 杜布哇为什么选择印度尼西亚作为他前往寻找人类缺环的地区？而他能够如愿以偿的历史背景是什么？
2. 科学界为什么要否定和嘲笑杜布哇的发现？
3. 杜布哇的遭遇说明了什么问题？

龙骨山的惊世发现——中国猿人

20世纪初,为了寻找人类的远祖,德国、瑞典、法国、奥地利和美国的古生物学界云集中国。因为他们相信蒙古高原是人类起源的摇篮。中国政府聘请的矿政顾问、瑞典地质学家和考古学家安特生在寻找矿藏之余刻意寻找古生物化石和考古遗址。最后,他在北京周口店找到了龙骨山,这里出土的古人类化石成为20世纪初最重要的科学发现之一。中国猿人的发现支持和确立了爪哇人的祖先地位。

1929年12月2日下午,在北京西南隅小镇周口店的一座小山中,有一些人在忙碌。冬季已经来到,寒风呼啸,苍茫的暮色中,考古学家裴文中和工人们正紧张地进行发掘。他们腰系绳子,悬空下到12米深的洞穴中。大约4时左右,在昏暗的烛光下,一件奇特的东西跳入裴文中的眼帘。"猿人!"裴文中禁不住

20世纪30年代的龙骨山

大声喊叫起来。裴文中看到的那件东西就是人们苦苦寻觅已久的中国猿人头骨化石,这一发现,使一个伟大的梦变成了现实。一夜之间,周口店成为世界瞩目的焦点。

中国猿人(即通常人们所说的"北京人")的发现经过,可以追溯到20世纪初,有一位在北京行医的德国医生哈贝尔在中药铺收购了许多龙骨。哈贝尔回国后将龙骨送给了慕尼黑大学的古生物学家施洛塞尔进行鉴定。施洛塞尔从中发现一颗很像是人牙的牙齿,从牙齿上红色的釉质判断,所处的年代可能是第三纪。

1914年,瑞典人安特生来华任中国政府农商部的矿政顾问。1918年2月,安特生偶然从北京的一位外籍化学教师吉布的手中看到一些包在红色黏土中的碎骨片,并了解到它产自周口店附近一个名叫鸡骨山的地方。安特生于3月亲自前往周口店考察了两天。

1921年初夏,奥地利古生物学家师丹斯基来华,安特生安排他去周口店发掘鸡骨山。同年8月,安特生和美国古生物学家葛兰阶一起前往周口店看望师丹斯基。在考察过程中,一位老乡将他们引到了一个新的地点,这就是中国猿人之家——龙骨山。

从1921年到1923年,师丹斯基对龙骨山进行了发掘。1924年1月师丹斯基返回欧洲,在乌普萨拉大学研究从中国运回的标本。师丹斯基在1921年就发现过一颗可疑的人牙,1926年又在周口店的标本中整理出一颗人牙。借瑞典皇太子伉俪1926年10月访华的机会,他向中外科学界郑重宣布了这一消息。

这一发现使北京协和医院解剖学家步达生极为振奋,他向协和医院和洛克菲勒基金会提议成立一个体质人类学研究机构,并与地质调查所所长翁文灏商量周口店的发掘计划。1927年1月,洛克菲勒基金会拨款2.4万美元,2月上旬,步达生和翁文灏敲定了具体的方案。

周口店的发掘于1927年3月开始,

裴文中与刚出土的猿人头骨

名誉主持人为丁文江，野外主持人为李捷，瑞典人步林主管化石采掘。10月6日，步林在师丹斯基找到第一颗人牙的地点附近又找到一颗人牙。步达生对牙齿作了详细研究后，将其命名为"中国猿人北京种"。

1928年，裴文中加入了周口店的发掘工作。这一年发掘堆积物2800立方米，化石575箱。该年春季发现一件女性右下颌骨，发掘工作结束前又发现一件成人的右下颌骨，带有3颗完整的牙齿。

1929年，裴文中开始主持发掘工作，到第六、七层时出现成堆的动物化石和几颗人牙。秋季的野外发掘从9月26日开始，愈向下洞穴愈窄。11月底，野外工作即将结束，但因为化石丰富，裴文中决定延长几天。12月2日下午4时，在12米深的洞穴中，发生了本文开始时的一幕。12月28日，中国地质学会召开隆重的特别会议庆祝这一发现，并通过传媒传遍了全世界。

1934年，发掘工作由贾兰坡负责。该年步达生因心脏病突发去世，德籍犹太人魏敦瑞来华接替步达生的工作。

1936年6月，发掘至猿人洞第七、八、九层，出土两颗人牙和两小块头骨碎片，以及许多动物化石和石器。

秋季发掘于9月15日开始，10月15日在南洞壁找到40个肿骨鹿的下颌骨和一件猿人下颌骨。11月15日上午，贾兰坡在0.5平方米的沙土中找到许多头骨碎片，并拼合成一件相当完整的头盖骨。

当天下午4时许，贾兰坡在上述头骨位置北1米、下0.5米处又发现另一件破碎的头骨。11月24日，魏敦瑞在协和医院召开记者招待会，宣布了猿人化石的新发现。

11月26日早上9时许，贾兰坡又发现一件猿人头盖骨。这件头骨较为完整，保留有枕骨大孔、鼻骨和部分眼眶。迄今为止发现的中国猿人化石，共计有头骨6件、头骨碎片12件、下颌骨15件、牙齿157颗、股骨残片7件、胫骨1件、锁骨1件、月骨1件，大约分属40多个个体。

中国猿人头骨

中国猿人的牙齿比现代人的粗大，白齿的齿冠较现代人长而低，齿根较长，咬合面纹理复杂。门齿呈铲形，除个体较大外与现代人相似。犬齿长而宽，伸出第一白齿齿平面之外。中国猿人的肢骨基本上与现代人相同，但是股骨比现代人短，并略向前弯曲，骨干的髓腔较小，占骨干最小直径的1/3，骨壁很厚，比现代人粗壮、结实。据魏敦瑞推算，男性身高为1.56米，女性为1.44米。

中国猿人的头骨显示了与现代人明显不同的特征。头骨粗硕厚重，脑颅较扁，头骨低平，前额后倾，头顶上窄下宽。中国猿人头骨壁很厚，眼眶上有一条突出的眉脊，脑后有一条粗壮的横行枕脊，头顶正中有一条前后走向的矢状脊。鼻骨和梨状孔很宽，说明鼻子很宽。中国猿人的脑量比现代人小，成年人的平均脑量为1088毫升。总的来说，中国猿人的身躯和现代人区别不大，但是头部仍然保留有很多的猿类特点。

被发现的中国猿人的石器总计为17091件，采用的原料有44种，主要的石料是石英，占总数的88.8%，水晶占4.8%，砂岩占2.6%，燧石为2.4%，其他石料占1.4%。中国猿人用砸击、锤击和碰砧三种方法打片，修整工具基本上也采用这三种方法。在发现的工具中，石锤和石砧有97件，刮削器2227件，尖状器406件，石锥47件，雕刻器113件，砍砸器160件，球形器8件。

中国猿人化石是20世纪最重要的科学发现之一，它为达尔文的人类进化理论提供了重要的依据，并使古人类学家在周口店的发掘工作成为人类起源和演化研究的一座里程碑。

中国猿人复原像

知识窗

中国猿人发现后，由于其头骨的原始特征起先被看作是从猿向人的过渡代表。后来，他一直被视为最早的人类代表。而且，亚洲也理所当然地被视为人类起源的摇篮。一直到20世纪50年代末，非洲的新发现才找到了更加古老的人类代表。研究人类起源的重心开始转移到了非洲，但是中国猿人仍然是了解人类来历的重要一环。

拓展思考题

1. 中国猿人的发现过程是怎样的？在裴文中发现第一个头盖骨之前有哪些重要的发现？

2. 中国猿人发现的化石一共代表了多少个个体？他们的体质特征是怎样的？和我们有什么区别？

3. 中国猿人使用什么样的工具？它们是如何制作的？

古老的智人——尼安德特人

尼安德特人的发现早于南猿和中国猿人。由于当时上帝造人教义的思想束缚，以及对人类远祖和古老性的无知，使得对尼人的发现和认识充满了曲折。但是，尼人是出土材料最丰富的一批古人类，也是我们了解得最为清楚的一批人类先祖。

在离德国杜塞尔多夫不远处有一条叫尼安德特的峡谷，莱茵河的一条支流从峡谷中流过，河谷两岸的石灰岩被开采作为建筑材料。1856年的夏天，采石工人在离河面近20米高的悬崖上炸开了一个小洞穴。当他们在挖掘洞穴的地表时，发现了一些古老的骨头。由于采石工人对骨头并不在意，所以许多材料都丢失了。采石场的业主起先以为这些骨骸属于一头熊，所以将它们送给当地的一位科学教师富罗特。富罗特具有一定的解剖学知识，认为这些骨骸不是熊的，而是一种难以想象的人的，他具有非常粗大的肢骨、厚重的眉脊。考虑到这具骨骸明显的古老性和奇怪的出土位置，富罗特认为这种人属于一种可怜的人类，是被洪水冲入洞穴之中埋藏起来的。

富罗特担心自己的判断会有问题，于是与波恩大学解剖学教授沙夫豪森联系。沙夫豪森同意这些骨骸属于"人类最古老的种属"。但是，由于当时对人类的认识只有几千年的长度，沙夫豪森认为，这是在凯尔特人和德意志部落还未抵达欧洲时，生活在北欧的一些野蛮人种。

因为当时科学界对人类的古老性一无所知，而且也根本不知道存在过比现代人形态要原始的人类远祖，所以尼人化石的发现自然引起了极大的争议。在解剖学家的眼里，尼人的头骨实在是古怪。它显然是人的头骨，但有一条粗壮的眉脊和低平的额部，后脑突出，所以有人怀疑这是一件变形走样的人类头骨。德国著名病理学家微耳和认为，这像是一具白痴的头骨。

尼人的塑像

尼人复原头像

达尔文听到这一发现时极为关注,但是他未能亲眼观察这件标本。达尔文的好友赫胥黎对这件头骨作了仔细的观察,并在1863年写道:"无论如何,这件头骨在我看来是目前发现的最像猿类的人类化石。"爱尔兰盖尔维皇后学院解剖学教授威廉·金也认为这是一种绝灭的人类,1864年,金将其命名为一个独立的人种,叫"尼安德特人"。以后大量尼人化石的发现,使我们了解到,尼人是比猿人晚的一种古人类,是介于猿人和现代人之间的中间环节。

由于尼人有埋葬死者的习俗,所以他们的骨骸被保留下来和被发现的机会比较多。另外,相比世界其他地方,欧洲有更多的考古学家和古人类学家在当地从事研究工作,这样化石自然也就更容易被发现。我们现在知道,尼人生活在欧洲的时候,正是地球上的寒冷大冰期。他们居住在洞穴中,主要以猎取动物为生,如野牛、洞熊等等。他们对寒冷气候和严酷环境的适应使他们的体质变得非常粗硕,体形矮、四肢粗短、肌肉非常发达,看上去有点像美国的橄榄球运动员的身材。因为可食用的植物很少,他们要靠动物的肉为粮食。他们还要用动物的毛皮制作衣服御寒,因为他们像爱斯基摩人那样用牙齿作为鞣制皮革的工具,所以他们的门齿大多极度磨损。有些化石显示,他们生前经常骨折,说明他们必须用体力来与大兽搏斗,生存的条件是非常恶劣的。

考古发现还表明,尽管尼人还比较原始,但是他们已有了现代人的思维和行为方式。他

女性尼人复原像

们除了埋葬死者之外，还照料失去劳力的长者和残疾人。有一个老年人，死时只剩下两颗牙齿，说明他生前并未被遗弃，有人为他提供食物，甚至可能有人用咀嚼过的食物来喂养他。一个右手残疾的尼人显然不能从事打猎等生产活动，他的门齿极度磨损，表明他很可能分担了群体皮革与衣服加工的工作，以换取同伴为他提供的粮食。

在中国，属于尼人阶段的人类有山西的丁村人、河北阳高的许家窑人、陕西的大荔人和广东韶关的马坝人，但是在中国还没有发现类似于欧洲尼人的有意识的埋葬现象。

知识窗

尼人的化石发现较多，所以他是人类进化中了解比较透彻的一批人类种群。由于欧洲尼人的体质特征比较特化，而且他们的石器工具也与其他早期人类不同，所以，从很早起旧石器考古学家就怀疑尼人是人类进化线路上的一条旁枝。后来，分子人类学的证据验证了这一假说。

拓展思考题

1. 德国病理学家澈耳和为什么会认为尼人化石是"白痴"的头骨？
2. 为什么尼人是古人类学家了解得最为透彻的古人类？
3. 为什么说尼人已经有了类似现代人的思维和行为方式？

我们的直接先祖——晚期智人

早期智人或尼人之后的发展阶段叫做晚期智人，他们基本上已和我们现代人没有什么差别。但是人类文化的进步，则与知识交流和能力积累有关，这就取决于语言和文字的发明和使用。一旦文字发明，人类的文化进步就会加速。因此，人类开始摆脱像动物一样的生物适应，用自己的文化创造能力来适应和改造世界。

早在1864年，法国考古学家拉尔泰在法国多尔多涅威泽尔河畔的马格德林发现了人的遗骸和一些文化遗存，其中有一件象牙上刻有猛犸象的图案，拉尔泰将这种文化称为"马格德林文化"。大约在相同时期，人们在法国里昂附近的梭鲁特发现了非常丰富的人类遗存，其中大约有1万匹马的骨骸，大多被砸碎，并有火烧的痕迹，同时还发现了打制的石制品35000多件。由于这类文化遗存与马格德林文化有所不同，所以被命名为"梭鲁特文化"。

尽管有上述的发现，对于晚期智人的认识要到1868年才露端倪。那一年，铁路工人在多尔多涅的拉西兹村外山崖上挖掘路基时，从一个岩崖下的土层中挖出许多骨头和石器。科学家们赶到现场，很快发掘出至少4具人类骨架：一个中年男子、一个或两个青年男子、一个青年女子，以及一个存活了两三个星期的婴儿的骨架。骨骸的特征与现代人非常相似，并且佩带有项链一类的装饰品，用钻孔的贝壳和动物牙齿制成。

这个岩崖叫"克罗马农"。法国人类学家布洛加研究后认为，这些人骨与尼安德特人明显不同，就以地名将他们命名为"克罗马农人"。从严格的考古学应用范围来说，克罗马农人仅指

克罗马农人复原像

发掘出土的山顶洞人头骨化石

35000～10000年前生活在法国西南部的古人类，时间上相当于旧石器时代晚期。但是，在广义上克罗马农人泛指世界上所有晚期类型的古人类化石。

1930年，在清理中国猿人遗址堆积的边界时，发现了山顶洞，并于1933年和1934年进行了发掘。山顶洞由四个部分组成，包括洞口、上室、下室和下窨。在下室发现了3件完整的人头骨和一些体骨，人骨周围散布着赤铁矿粉，显然是一处墓葬。此外在洞口和上室，发现有刚刚出生幼儿的头骨残片、骨针、装饰品和少量的石器。

1939年，中国猿人化石的主要研究者魏敦瑞撰文介绍，3件山顶洞人的头骨分别代表一男二女，骨骼特征分别具有欧洲克罗马农人、原始蒙古人种和美拉尼西亚人的特点。后来，中国古人类学家吴新智又进行了重新研究，认为山顶洞人代表了原始的蒙古人种，与中国人、爱斯基摩人、美洲印第安人特别相近。

1958年，人们在广西柳江一处名叫通天岩的山洞中挖出了一件完整的人头骨、两段股骨、骶骨和椎骨。这件头骨的特征显示了黄种人的特点，如门齿呈铲形，虽然他已有40岁了，然而第三臼齿仍未萌出。他脸面较短，眼眶低扁，鼻孔宽阔，和现在华南人或东南亚人种的模样很是相似。

晚期智人的智力已和我们没有什么两样，他们的适应能力也大大提高，他们的足迹已分布到了世界上除南极以外的各个角落。他们在大约20000年前通过白令陆桥进入美洲，并且发明了舟楫，渡过重洋到达大洋洲，从而在不同的环境里演化出今天各种肤色的人种。

山顶洞人头骨

知识窗

进化到晚期智人阶段，人类的食谱大大拓宽，能够猎取较大的动物，并开始广泛利用水生资源。他们能够制造非常精致的石器和骨器，能够取火并有控制地用火。出现了远程的交换和原料获取，制作个人的饰件，绘制壁画和雕塑，使用随葬品，并有了丧葬仪式。

拓展思考题

1. 克罗马农人生活在多久以前？与化石共存有哪些文化遗存？

2. 山顶洞人是怎样被发现的？与化石共存的有哪些文化遗存？

3. 晚期智人的体质特征已经和我们没有什么两样，但也有区别，二者主要区别在什么地方？

人类体质特征——演化轨迹

人类从树栖的灵长类进化而来,最重要的体质特征转变就是从四足行走或攀援到下地直立行走。在这个过程中,人类头部的进化与身体并不同步,直立行走在先,而大脑的进化则迟缓得多。由于逐渐摄入较多的肉食,人类的脑量和智力能够逐渐增长,而熟食使得他们的咀嚼器官变得纤细,吻部后缩。

人类的进化从南方古猿到猿人或直立人,再经过尼人、克罗马农人,一直到现代人。在这一漫长的历程中,他们体质特征的变化表现了从猿到人的转变。

非洲的南猿分为纤细种和粗壮种两种,纤细种身高为1.2米、1.3米左右,粗壮种稍高也略重。纤细种的脑量平均不到450毫升,粗壮种稍大于500毫升。南猿的脑量虽然较小,但是各部分的结构与比例已和人相似。它们的齿弓约呈抛物线形,牙齿比较小,第三臼齿像人一样只有两个齿尖,臼齿排列紧密,牙面的磨耗方式也与人牙相似。

南猿的头骨比现代猿类要高,枕骨大孔位置在脑颅的下方,表示颈部是垂直的。然而,其头部还不能像现代人一样自然平衡在颈上,需要强大的肌肉来帮助平衡。南猿的髋骨宽而短,说明能直立行走,但是髋骨的特点表明,它们的脊柱向后弯曲的程度要比现代人小,所以还不能像我们一样迈步行走,只能以较快的步伐奔跑。南猿的脚大致与我们相似,但是仍然较原始。大拇趾较小,中趾较大,身体的重量主要靠中趾承担。它们的腕骨和我们相似,说明南猿有大而灵活的食指。

猿人的体质特征比南猿又有了进步,我们从中国猿人的化石可以了解他们的形态。中国猿人的脑量已远远

人科大家庭

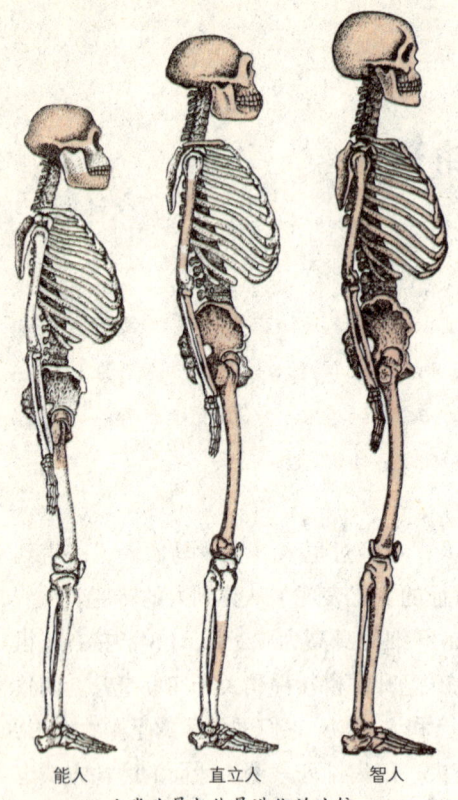

人类头骨与体骨进化的比较
能人　直立人　智人

超过猿类和南猿，平均为1059毫升，但是仍低于现代人的平均脑量1400毫升。所以，猿人的脑颅还比较扁，前额低平，头顶上窄下宽，骨壁较厚，面骨也较厚重。头顶正中还有一条矢状脊，咀嚼肌发达。他们的吻部突出，无下巴颏。中国猿人的枕骨大孔位置基本上在现代人的变异范围以内，说明他们的直立姿势已比较完美。他们的股骨、肱骨、锁骨、胫骨都与现代人相似，只是骨壁要比我们厚得多。从一根股骨推算，中国猿人身高大约为1.56米左右。

尼人或早期智人之间的体质形态差异比较大，分布在西欧的典型尼人较为粗硕，而近东的尼人较为纤细。在法国南部发现的一具典型尼人身高大约1.6米，是一个男性的老人。复原的头骨可见眉脊发达，头颅低平像馒头状，不像现代人这样圆隆。他的脑量很大，有1574毫升，超过了现代人的平均脑量。他的面骨粗硕，两眼眶的距离相当大，鼻子宽扁，下颌骨很大，也没有下巴颏。他们的四肢、躯干粗短，肌肉非常发达。近东的非典型尼人体形变异较大，前额膨隆，眉脊较弱，脑量比典型尼人要小，面骨不很突出，下巴

人类的进化

颏隐现，有体骨的标本表明，男性身高在1.7米、1.8米左右，女性在1.5米、1.6米左右。

晚期智人的体质特征除了少数特点比较原始外，基本上与现代人无异。1869年发现的克罗马农老人，头骨比现代人稍厚，脑量达1592毫升。前额饱满，眉弓较粗壮，但仍在现代人的变异范围以内。下颌有明显的下巴颏，身高达1.80米。但是从其他化石标本来看，欧洲的晚期智人之间还是有差别的。比如，法国的尚塞拉德人身高只有1.45米，5具女性骨骼的平均身高为1.55米，男性的脑量平均为1580毫升，而女性的则为1370毫升。欧洲晚期智人的面骨很宽，说明他们的咀嚼活动比较强烈。

中国的山顶洞人头骨较粗壮，头长，眉弓发达，眼眶低矮。而广西的柳江人头骨不如山顶洞人长，中等颅型，中等面宽，阔鼻型，颅宽较窄。我国人类学家认为，山顶洞人属于我国北方人类型，而柳江人属于南方人类型。这些化石材料也显示，黄种人的大多数特征在10000年前已经基本形成。但是，最近一位英国古人类学家布朗对山顶洞人、柳江人及日本的港川人的头骨作了重新测量和分析之后，发现这些头骨的特点与中国新石器时代人群和现代蒙古人种相去甚远。这项研究结果为探索晚期智人向现代人的演变过程提出了新的课题。

知识窗

人类体质特征的演化一方面与气候和环境的适应有关，另一方面与饮食方式有关。比如尼人的身体就是对冰期环境的适应。人类身体日趋纤细是因为他们发明和使用的工具日趋强大，可以代替肌肉的力量来和自然力竞争。而熟食使得人的头骨变薄，猿猴般的吻部后缩，出现了下巴颏。肉食使得人类的大脑变大，变得更加聪明。

拓展思考题

1. 人类进化主要经历了哪些阶段？各阶段的体质特征有哪些区别？
2. 人类进化的历程中，头部的进化要比身体来得缓慢，其原因何在？
3. 古人类的体质特征的进化得益于哪些条件？

为何现代猿猴不能变成人——进化即特化

在了解人类的演化历程之后,我们知道了人类是从古猿进化而来的。于是,有人会好奇地提出这样的问题:现代的猿猴会变成人吗?要解释这个问题,需要说明进化的两个前提,一个是生物本身的条件,另一个是环境的条件。

一般人看来,生物进化好比爬楼梯,从低到高,步步上升,但是实际的情形则更像树杈和藤蔓。脊椎动物并不是从最高等的鱼类进化到两栖类,从最高等的两栖类进化到爬行类。向较高等动物的进化一般是从较为基底的种类开始的,因为它们有更大的可塑性。一种较为进步的物种往往已经特化,也即完全适应于某种环境或生活方式,不可能再变为另一种物种了。

今天的猿猴和人类,实质上是处于灵长类动物进化分叉的顶端,各自的特征已经非常特化。比如,亚洲的猩猩以及长臂猿一直生活在树上,它们的前肢变得很长,后肢较短,已经不可能再变成人类这种下肢长、上肢短,适于地面行走的体态了。非洲的大猩猩和黑猩猩虽

猿猴的运动方式

古猿的生活环境

然在地面上活动,但是它们却在臂行的方向走得太远,前肢也比后肢长得多。它们能够直立,但是极少用双腿走路,而是用双臂支撑,以指节骨的背面着地行走。这种特化的体态和适应是不可能再进化到人了。

至于今天的猴子,那就更不用说了。它们就像在总鳍鱼爬上陆地变成两栖类后那些仍然生活在水里的鱼类一样,非常适应于它们自己的生态环境,不可能再经历从猴到猿,再从猿到人的转化了。

生物和人类的进化,环境是非常重要的条件。早期的猿猴都是生活在热带雨林中的居民。大约在距今两三千万年前,地球发生了巨大的变化,发生了世界范围的造山运动,喜马拉雅山、阿尔卑斯山等巨大的山脉在亚洲、欧洲隆起,而在非洲东部则形成了巨大的裂谷。地球上的气候也发生了很大的变化,干燥的气候使热带雨林缩小、林地扩大、旷原形成。

在这种环境、气候的影响下,终年栖居在森林里的一些猿猴开始下地觅食,以避开过于拥挤的森林。而草原和旷原为它们的发展提供了一片乐土。那些猿类中有一些比较原始的种类,在体质特点上有更好的可塑条件,于是向直立行走、杂食和利用粗陋的工具进行劳动的方向发展,为人类体质条件特别是智慧的形成奠

大猩猩,特化的类人猿

定了基础。

今天地球上的生态环境已和一两千多万年前大不相同了，残存至今的猿猴只能局限在非常有限的生态环境里，而且这种生态环境正日益受到蚕食和破坏，而其他的环境已经根本不适于猿类的生存了。人类的活动已经把许多动物逼到了绝灭的边缘，大部分猿猴只能在它们目前极为狭小的生态环境里苟延残喘，免于绝灭已是大幸，更不要谈进化了！

知识窗

我们常将生物进化谱系画成一棵大树，从根和茎干上分化出许多枝叶。我们现在的人类与四种类人猿及其他猴类好比分布在这棵大树枝叶端的物种，因此现代猿猴与我们人类是生物进化的终端产物，也是一种特化过程的产物。简言之，要让现代猿猴变成人，就像让现代的猫进化成狮子和老虎一样荒唐。因为过于特化的动物在适应进化上已经没有什么可塑性了。

拓展思考题

1. 比较现代类人猿包括黑猩猩、大猩猩、猩猩和长臂猿，这些类人猿与人类有哪些不同？

2. 从适应条件而言，现代类人猿和人类有哪些根本的区别？

3. 人类或物种进化为何不能从头开始再来一遍？

生存篇

狩猎与采集——古人类的生计

人类是从树栖的灵长类进化而来的,这些灵长类的食谱主要是水果、昆虫和一些坚果。所以我们的远祖是一类杂食动物,今天我们的肠胃也继承了祖先的这些特点。在地球上人口数量很少的时候,依赖野生资源足以维持生计,直到人口增长到一定数量,野生资源无法供养增长的人口时,才出现了动植物驯养的农业。

古人类在采集植物

生活在一万年以前更新世的古人类,我们称之为狩猎采集者。那时农业和畜牧业还未出现,人类的食物全部仰赖大自然的恩赐。今天,在非洲、大洋洲和美洲的偏远地区,仍有一些土著人过着这种生活。

科学家把这种完全依赖野生资源的生活方式称为利用经济,而把农业和畜牧业称为生产经济。我们也可以把利用经济叫做狩猎采集经济。狩猎采集经济完全取决于一个地区野生食物资源的种类和丰富程度,而这种资源的种类和丰富程度又与当地的气候、温度和水源有着十分密切的关系。因此,远古人类的生活和经济方式与当时的生态环境有关。由于远古人类的生产力十分低下,所以他们基本上仍然像动物一样生息。虽然远古人类已会生产简陋的石器和用火,但是这种技术在帮助他们适应环境方面作用非常有限,因此他们无法摆脱对大自然的依赖。

在狩猎采集经济的社会中,由于依赖野生动植物,所以人口不可能太多,并且常常要根据食物季节性的变化而流徙。这种社会一般以家庭为单位,人际关系平等,根据年龄和性别进行劳动分工,比如男子往往从事重体力、危险性大的工作,如狩猎等,而妇女则从事植物采集和食物加工等活动。

从人类起源到现在的 200 多万年中,狩猎采集经济占了 99% 以上的时间。人类早期的历史发展极其缓慢，这与狩猎采集经济的制约有很大的关系。自然资源数量和分布的波动和不平衡，必然会影响人口的数量、分布和活动方式，并会影响人类社会发展的进程。

自然界中以不同的资源和不同的方式养活不同数量的人口，这叫做"土地载能"。在不同的环境中，野生资源的丰富程度决定了不同的

男子在狩猎动物

土地载能。比如在热带和南方地区，食物种类比较丰富，土地载能就高；而沙漠、高原和极地，食物非常稀少，土地载能就很低。而农业经济由于采取了物种改良、施肥以及耕耘等措施，土地载能大大提高，往往要比利用经济高出几百倍，甚至几千倍。

狩猎采集经济的土地载能很低，从全球狩猎采集经济的平均值计算，养活一个人需要26平方千米的土地。所以远古人类一般只能以很小的群体生活，因为食物资源有限会迫使人群分裂，无法以较大的规模聚集在一个地点，除非在某种资源的收获季节，分离的人群才聚集到一起，分享丰收的喜悦。

对现代狩猎采集者，比如非洲的布须曼人和北极的爱斯基摩人的民族学研究发现，他们的组织结构分为两个层次：一是生存群，由几个家庭组成，人数在25人左右；另一个是繁衍群，人数约500人。这种人群的规模与聚散，是由收获季节食物的多少来决定的。在这种社会中，食物的分享是群体生存的重要条件。今天许多少数民族仍保持着乐于和客人分享食物的习俗，拿出自己最好的食物招待远方来的客人。这可能正是远古社会的淳朴遗风，因为在那样的社会里，任何人都会有需要帮助的时候。

由于远古人类技术的原始和工具的简陋，所以狩猎采集经济的基本特点是：植物资源比动物资源重要；季节性食物比终年食物重要；人群规模随季节变化，以适应当地的食物资源。

非洲布须曼人的生存原则是采集和利用最理想的食物，并尽量靠近水源。在居住地点选定以后，便走出去找食物。第一个星期活动半径约为1500米，第二个星期活动半径约为3000米，到半径9000米以内的食物基本消耗完了之后，就将居住地点迁往别处。

澳大利亚沙漠地带土著人的觅食方式则不同，他们的移动方向以降雨为标准，

现代狩猎采集者的营地

哪里下雨就往哪里移动。赞比亚土著人的觅食方式较为先进，他们并不随意选择觅食目标，而是根据各种食物的丰富程度以及地理环境条件来作经济评估，然后作出决策。

由于狩猎采集经济完全依赖大自然的恩赐，所以环境的好坏和人群分布的稳定性是密切相关的。可以想象，如果一个地区食物资源稀少，产量不稳定，人类群体是不可能在此长期居留的。

中国猿人选择周口店为栖息营地决非偶然，而是由多种自然因素共同决定的。这些因素与中国猿人的群体和生产技术结合在一起，构成了一个相互作用的生存系统。龙骨山的猿人洞能够在漫长的地质时代中，堆积了如此丰富的人类、动物和文化遗存，说明周口店周围的自然环境是比较稳定的。尽管在这么长的岁月中，气候、环境难免产生变化和波动，但是只要条件合适，人类就会在这里居住。

知识窗

虽然狩猎采集是古人类的生存方式，但是在比较古老的早期人类中，由于体质特征和工具性质的原因，他们很可能只能猎取一些小动物，并像腐食动物一样食用腐肉。一直要到尼人和晚期智人阶段发明了矛头和弓箭之后，才有可能猎取猛兽和奔跑快捷的有蹄类动物。而鱼类则是最晚利用的一类动物，一直要到一万年前才普遍开始利用。

拓展思考题

1. 史前时期人类群体的数量很少，究其原因主要受制于什么条件？
2. 什么叫"土地载能"，为什么今天地球上的农业能够供养这么多人口？
3. 为什么现在地球上的某些地区仍然有少数人群采取狩猎采集的生存方式？

捕猎与被捕猎——弱肉强食

在古人类遗址中，常常可以发现人类的遗骸与其他动物共存。于是，考古学家以为这些动物就是古人类的猎物。南非解剖学家达特甚至认为一些动物的长骨和牙齿是古人类使用的工具，并将其命名为"骨角牙"文化。这种观念一直到20世纪中叶才得以纠正。主导着古人类生活的世界，还是弱肉强食的生存原则。

长期以来，人们一直认为古人类是成功的猎人。许多旧石器时代遗址中存在许多动物骨骼，也常被认为是这些早期猎人的战利品。许多书籍中的远古人类生活复原图，画着猿人和其他古人类用木棍和石器围猎熊和鹿，在夕阳中背着沉甸甸的猎物返回洞穴；到了晚上，男女老幼又围坐在熊熊的篝火周围，啃食烤熟了的野味。

20世纪70年代，一些考古学家对远古人类的狩猎能力提出了质疑。因为他们从民族学观察中发现，如果没有弓箭、长矛和猎枪，即使现代人也难以捕获奔跑快捷的有蹄动物，如马、鹿和羚羊等。而猎取大象、犀牛和熊，危险就更大了。民族考古学观察发现，非洲有些土著人获得肉食的方法是留心天上盘旋的秃鹫。如果他们发现有大批秃鹫在一个地点上空盘旋飞翔，就知道狮子或豹捕获到了猎物。这些土著人就会拿起棍棒，赶往这个地点，从猛兽口中夺取肉食。

为此，考古学家意识到，人们可能过高估计了远古人类的狩猎能力。猎取大动物需要群体的通力合作和协调，并且有赖于比较先进的狩猎工具。所以，人类在演化的早期阶段可能并不是高明的猎手，而只不过是一种抢夺其他动物战利品的"尸食者"。尸食者的涵义是指他所利用的肉食并非自

南猿在与食腐动物争食

己捕获和杀死的，而是从其他猛兽的口中夺来的，或是它们留下的残羹剩饭。动物界里有许多"尸食者"或"腐食者"，像鬣狗、秃鹫就是典型的"尸食者"。

早期人类经常与豺狼虎豹以及鬣狗这样的猛兽争夺食物，这是非常危险的举动。人类没有尖牙利爪，只能用最原始的工具和武器——石头和棍棒。因此，很有可能一些成员成了这些猛兽的果腹之物。考古学家在南非的洞穴中发现一件南方古猿的头骨，脑后有两个洞，正好与花豹的两个下犬齿吻合。显然，这个南猿是被花豹猎杀的。花豹有将猎物拖到树上贮藏的习惯。所以，考古学家设想，这个南猿很可能被花豹咬住头部，两个上犬齿正好插入两个眼眶中，而两个下犬齿卡住后脑，然后将尸体拖到山坡的树上。而树下正巧有一个落水洞，南猿尸体从树上坠入洞中而得以保存下来。

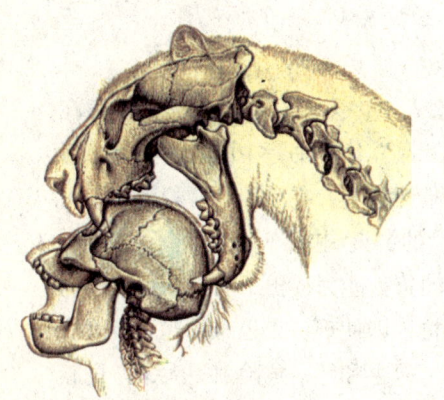

花豹捕食南猿复原图

花豹捕南猿示意图

考古学家们一般认为，远古人类的食谱中肉类的比例并不高。人类直接从狩猎中获取肉食的行为，很可能是与人类进化的一些重大事件同步的。所以，要从一些人类早期遗址中发现的动物化石来判断它们是人类狩猎行为的结果，还是自然力或食肉动物留下的，是很不容易的。

到三四万年前，人类的工具和武器有了很大的进步，犀利的长矛和弓箭被发明出来了，人类的狩猎能力有了很大的提高。于是，许多大型的动物成了古人类的口中食。人类还能设置陷阱来捕杀大动物，

晚期智人在狩猎

特别在高纬度地区，如西伯利亚和东欧的无树旷原，人类捕猎猛犸、野牛和驯鹿等作为主要的食物来源。

但是在热带和亚热带，人类主要依赖植物资源，食物种类也比较丰富，所以工具和武器不像北方地区以动物为生的狩猎群那样精致和复杂。比如，在我国华南地区，整个更新世阶段石器技术基本没有什么变化，像长矛和弓箭这些北方常见的器物类型并不多见。

知识窗

改变古人类狩猎能力看法的是一种叫做"埋藏学"的理论，这种理论来自古生物学，即研究一处遗址中的动物骨骼是如何形成的，它们堆积的动力是什么。以前与古人类化石一起被发现的许多动物骨骼，这些动物往往就被凭直觉认为就是古人类的猎物。但是，事实真相可能刚好相反。这在中国猿人遗址中也有同样的情况。

拓展思考题

1. 为什么过去的考古学家会过高估计古人类的狩猎能力？

2. 与动物的尖牙利爪和奔跑迅速的四蹄相比，人类都处于劣势，而人类能够胜过这些动物的优势是什么？

3. 现在考古学家怎么来分析古人类的狩猎能力？

猎人还是腐食者——纠正一个误解

在周口店第一地点,与中国猿人化石一起被发现了许多共存的动物化石,最有代表性的动物中,食肉类以中国鬣狗为代表,而有蹄类动物以肿骨鹿和葛氏斑鹿为代表。对于这些动物与古人类关系的认识,也有一个逐渐完善的过程。

传统说法——猿人之家

中国猿人遗址一直被称为"北京人之家",以往教科书和一些展览为公众复原了一幅五十万年前远古人类的生活场景。白天,男子到山前地带狩猎,而妇女带着孩子在洞穴周围采集朴树籽等食物。太阳西下,男人们肩挑背扛着猎物回到洞里,妇女们已点燃营火,准备烧烤食物。夜色苍茫的龙骨山,洞穴中散发出温暖的火光和阵阵烤肉的香味,笼罩在一片温馨祥和的气氛中。这确实是一幅日出而作,日落而息的原始田园景象,但是带有太多现代主义的浪漫色彩。

如果想象一下,今天我们以三四个家庭为一个团队,赤手空拳前往非洲塞伦盖提大草原体验野外生存,那将是一幅令人何等恐怖的景象!虽然,那里有大群食草动物如大象、斑马、角马、羚羊、长颈鹿可供狩猎,但是没有弓箭和刀枪,我们实际上对它们

今天的腐食动力的——斑鬣狗

无计可施。更糟的是，周围到处是虎视眈眈的狮群、鬣狗、猎豹和豺狼。在自然界，没有工具和技术的武装，人类是最弱小的一群。由此反观比我们原始得多的北京人，我们确实需要用不同的眼光，重新审视过去对他们生存方式的解读。

猿人需要对付的猛兽——剑齿虎

以前我们对北京人之家的复原，是根据洞穴里出土的人类化石、石器和用火遗迹来构建的。现在再让我们看一下材料数据的比较，猿人洞出土了6具头骨和许多肢骨及牙齿，总共代表大约40个个体的直立人。但是，出土的54种大型哺乳动物中，有包括2000个个体的鬣狗、在50~100个个体之间的狼、貉和狐狸以及少量虎和猎豹的牙齿和骨骼。食草动物中最多的是肿骨鹿和葛氏斑鹿，分别有2000个和1000个个体。野猪也有200头左右。而且，还发现了大量鬣狗粪便的化石。确实，从出土化石比例看，人的骨骸要比食肉类少得多，古人类是和鬣狗这类穴居食肉类分享着这个洞穴，而且鬣狗更像是这个洞穴的主要栖居者。贾兰坡就曾注意到，在产鬣狗粪化石的层位，人类化石和文化遗物很少。而出土人类遗骸和大量石制品的石英Ⅱ层，食肉类化石极少。裴文中也指出，有些层位长期为食肉动物所占有，而食肉动物遗骸较少的地方，原始人居住的迹象比较明显。洞穴中虽然发现了大量的石器，它们没有一件被认为足以或适于杀死大型有蹄类哺乳动物。而他们根据骨骼上留有的石器切痕往往覆盖在食肉类的咬痕之上，推断古人类采取的一种尸食或腐食的觅食策略。林圣龙曾评估了猿人洞的埋藏情况，认为洞中大量哺乳动物的化石带入洞中的情况很复杂，必须具体情况具体分析。食肉动物应该是北京人生存的一个主要威胁和对手。

长期以来，北京人用火一直没有异议。博物馆或普及读物对中国猿人在洞穴里活动景象的复原，总是画成猿人满载而归，

现在看法——主要是鬣狗巢穴

在洞里点燃熊熊营火，将猎物放在火上烧烤。但是，国外学者对洞穴第4层和第10层用火遗迹进行重新测定，发现里面没有大量植硅石的迹象，植硅石是植物体内的一种硅质蛋白石，作用是保持植物茎叶的硬度，以便直立和挺拔。还有，北京猿人洞穴里的用火遗迹不像晚近的人类用火遗迹，表现为有控制的用火，即将用火集中在火塘或炉灶里。北京人洞穴里的灰烬表现为成片堆积，猿人似乎不可能坐在火堆上用火。因此，北京人用火很可能还不是智人层次的用火，而是一种生态武器。火是直立人与其他动物进行有效竞争，并在更新世万物争雄中确立其自身地位的最主要的杀手锏，而熟食只是这种适应的一个副产品而已。火很可能起到虚张声势的作用，即使北京人并不能像现代人那样对它操控自如，但是食肉的猛兽只要从用火的北京人那里吃过一次亏，就会学会退避三舍。

知识窗

中国猿人腐食居然得到了一项寄生虫分子遗传学研究的支持。美国农业部的寄生虫学家发现人类的寄生虫绦虫与以鬣狗、猫科动物（狮子和老虎）和犬科动物（狗和狼）为宿主的绦虫最为接近。只有当肉被生吃或半生不熟时，绦虫幼体才能进入人类的消化道。我们可以推测，猿人在许多情况下像食肉动物一样茹毛饮血。大约从170万年前开始，食肉动物体内的绦虫开始适应猿人体内的消化环境，最后变成人类的一种寄生虫。

拓展思考题

1. 过去认为猿人洞是北京人之家的依据是什么？而现在判断它主要是鬣狗的巢穴的理由又是什么？
2. 什么叫尸食或腐食？为什么现在许多考古学家认为早期人类主要是尸食者？
3. 用火对早期人类的适应有什么样的作用和意义？

原始的工具——超肢体的适应

人和动物的根本区别在于人会制造工具。对于大部分的动物来说，它们的"工具"是尖牙、利爪、强大的犄角，甚至是它们的蹄和尾巴。然而在灵长类的进化中，它们的前肢一直有一种取代牙齿所承担的功能的趋势。而人类开始使用和制造石器工具，就是这一进化趋势的结果。工具弥补了人类肢体上与其他动物进行竞争的不足，最后成为征服自然的强大力量。

过去人们以为，制造工具是人类特有的行为。但是，现在我们发现，动物也会使用工具：如一种土马蜂会咬住石块夯土筑巢，厄瓜多尔的一种燕雀会用仙人掌的刺来钓食昆虫，而加利福尼亚的海獭会用石头砸开牡蛎，黑猩猩也会用草梗来钓食蚂蚁。但是，没有一种动物能像人类那样有目的地制造工具，使其成为人类肢体的延伸，并以一种预定的计划来安排自己的活动。

对于远古人类来说，木头肯定是使用很广的一种工具原料。中国猿人石器中的一些大型砍斫器，很可能是用来砍树的。对欧洲莫斯特文化的许多凹刃刮削器的微痕分析表明，它们是加工木棍的工具。由此可见，尼人的武器中有木棍和木矛。但是，木质的工具很难经历几万年乃至几十万年而不朽，所以，我们很难发现远古人类使用木器工具的直接证据。目前，欧洲发现过两件旧石器时代的木器工具，一件是英国克拉克当遗址泥炭层中发现的一根紫荆木矛头，尖部经过火烤；另一件发现于英国的萨克逊郡，遗址中除出土了木器工具外，还发现了古象和大量石器。

我们可以通过对现代土著人的观察来了解木器工具的重要性。比如，大洋洲的土著居民用木棍制作长矛和挖掘工具。尖部经火烤后，可以增强木头的硬度，使之耐用。

黑猩猩在用工具钓白蚁

他们还用木头制作各种用具，如碗、盆等。同时，木头又是人们制作房屋和船只的重要材料。

另外，经常被古人类利用的有机质原料是动物的骨和角。比如，在极地的冻土苔原上，由于没有树木，有时大石块也很少，人们就用猛犸的獠牙和骨骼以及驯鹿的角制作工具。猛犸象骨和鹿皮则用来堆筑掩体和房舍，使荒凉的苔原变成可以栖身的地方。

骨角工具的使用与人类的狩猎活动有密切的关系。在敲骨吸髓之后，砸碎的长骨常常有尖口和利刃，所以一些大小和形状合适的骨片一定会被用来作为工具使用。在中国猿人遗址里，鹿的角和头骨常有砍和切的痕迹。许多鹿的头骨、面骨和角根

新几内亚土著的木矛

都被敲掉，变成了一个"水瓢"。由于动物的骨、角、牙非常坚韧，很不容易加工，必须采用锯、刻、刨、挖、磨的方法，而且鹿角常常要在水中泡软后才能加工，所以，一直到旧石器时代晚期才有加工比较精致的骨角工具。

人类利用贝壳的历史可能不及木器和骨器，而且也局限于地理上有限的地区，如沿海地区、河湖地区及岛屿中。在石头缺乏的环境里，人们会用大型的贝壳制作工具。比如史前期的埃及人用尼罗河的贝壳制作鱼钩，巴巴多斯的加勒比海土著人用贝壳制作斧和锛，而密克罗尼西亚的土著人用巨贝来制作斧头，而人类用贝壳来制作装饰品的时间可能还要早些。

在史前期，由于人类认识能力和技术水平的低下，当他们需要比较坚硬的材料制作工具时，最现成的原料就是石头了。石头取材方便，加工又简单，所以对于原始的狩猎采集者来说，石头自然成了最普遍的工具原料。甚至在金属工具出现后很长的时间里，由于石料的成本低廉，在优质石料丰富的地区，如近东和埃及，在青铜技术已十分发达时，火石石

古老的打制石器

叶制作的镰刀仍被广泛用来收割谷物。

磨制石器出现得较迟，大约在旧石器时代的中晚期才有零星出现。磨制石器的使用晚于打制石器固然与人类智力和认识能力的发展有关，但是，较高的生产代价和工具用途的专门化也是重要的原因。打制一件石斧用不了半个小时，但是磨制一件石斧可能花一两天还不够。所以，除非磨制石器在使用上比打制石器有明显的优越性，以补偿所付出的代价，否则人们是不会花那么大的力气去磨制石器的。

长期以来，磨制石器被认为是新石器时代的代表性器物，它的使用和农耕活动有密切的关系。新石器时代的农耕活动固然普遍采用磨制的石锄和石锛，但是最古老的磨制石器的发明和使用与农业无关。考古证据表明，一些早期磨制石器是用来砍伐树木的，一些碾磨用的石杵和石臼是用来加工野生植物和碾磨矿石染料的。

新几内亚土著制作石器

知识窗

并不是所有的石头都适于制作石器工具，打制石器的原料要求是硬而脆的硅质石料，比如燧石就是很好的原料，但是其质地也要求比较细腻，不能有太多的裂纹和杂质。而这样制作出来的石器往往也非常好用，美国考古学家克雷布特利在接受阑尾手术时，请求医生用他制作的黑曜石石片代替手术刀，结果他的伤口在手术后痊愈得很快。而磨制石器就需要比较软的石料，比如石灰岩和页岩。

拓展思考题

1. 虽然有些动物也会使用工具，但是它们与人类的使用工具有区别。这区别在何处？
2. 为什么全世界的早期人类都会制作石器？
3. 我们今天也会像古人类一样用各种自然材料制作各种工具，你能否列举几种现代人使用的石器？

制造石器——技术的肇始

古人类在制造最原始的工具时，所能利用的只是自然的原料，如木头、石头和动物骨骼和犄角。由于木头的加工需要更加坚硬锋利的工具，所以木器的加工也少不了石器。石器有打制和磨制两种，人类最早使用的是打制石器，就是用一块石锤打击另一块石核，剥离有锋利刃缘的石片，作为切割工具。加工骨角工具也需要锋利的石器，所以石器是古人类普遍使用的工具。由于石头不会腐烂消失，所以是保存最多的史前人类遗存。

当我们阅读有关早期人类演化的书籍时会发现，旧石器时代的工具大多有一种功能性名称，如砍斫器、刮削器、雕刻器等等。这些器物的命名一般是根据考古学的常识推测和比较的结果。由于研究人员不一定知道这些工具的确切用途，不清楚一些石器是怎样生产的，所以这样的分析就难免掺杂了较多的主观臆想。

后来考古学家开始用实验来仿制古代的石器，通过实验，考古学家可以体会石器加工的难易，了解不同石料对不同技术的制约以及远古工匠的技术水平。

对于实验考古学来说，随便从石头上打下一块石片来并不难，但是要打出像样的工具却不那么简单。美国考古学家克雷布特利把打制石器比作打高尔夫球，这就是说，有的生产步骤只可意会不可言传。打高尔夫球时，用不同的杆，如何用力、打击的角度如何、力量怎样控制，都是非常有讲究的，而不同的击球技巧常常是球员通过长期训练体会出来的。打制石器也一样，用不同的锤子，选用不同的石料，用力的方向、用力的轻重，都会影响所打制石器的质量。如果我们学会了打制石器，就可以根据自己的经验和体会来分析远古工匠的工艺水平及加工技术的发展。

中国猿人在打制石器

在人类历史早期的100多万年中，人类采用的技术是比较原始的。他们最多采用的是锤击方法，也就是说，用一块石头打击另一块石头，使之剥离石片，然后挑选合适的石片作为工具。此外，当石料太小，或石料的质地比较差时，人们则会用一种叫"砸击法"的技术来生产石片。砸击法是在地上放一块石砧，然后将石料放在石砧上，用左手捏住，右手握住石锤砸击石料。此外，还有一种叫"碰砧法"，就是将大石块向岩石上碰击，使大石块上崩落小石片。这些打片技术总的叫做直接打击法。

间接法压制石器

软锤法打制的手斧

后来，人们发明了一种叫"软锤法"的打片技术，就是用鹿角和动物的长骨作为锤子来打制工具。这种方法在欧洲、非洲和中东非常流行，但是在中国则很少见到。用鹿角和骨棒打制石片，可以延长着锤的时间，减慢打击力的释放时间，使力量传递更远，这样便可以打下长而薄的石片来。软锤法常被用来生产手斧，手斧是一种两面打制的大型工具，它有时可以制造得非常匀称而且很薄。这些工具被一些考古学家称为史前期的"杰作"。

出现得比较晚的一种石器技术是"间接打制法"，这种方法是在锤子和石料之间放上一根骨棒或鹿角。这样就能准确地对打击点定位，避免徒手打片时常见的失手现象。而且，间接打片使得打击力延伸得更远，可以打下非常规整的石片或石叶，它们的长度和尺寸都能得到控制。这种技术是石器工具发展的顶峰，有些工具就像艺术品一样赏心悦目。

然而，软锤法和间接打制法需要的石料质地必须优良，在制作石器前要对毛坯做精心的预制，并且往往是到制作的最后一道工序才采用软锤和骨棒。

法国考古学家博尔德在打制石器

用软锤法和间接打制法打制的石叶，可以用来制作各种复合工具。所谓的复合工具是指镶嵌工具，比如把石叶当做刀片镶嵌到木质或骨质的把柄上去，弓箭的箭头也是一种镶嵌工具。镶嵌工具的优点是它的使用方法有点像剃须刀，当刀片用钝后用新的刀片替换，因此可以充分利用优质石料，便于携带以及反复使用。这种镶嵌工具在人类的历史上有很长的使用时间，比如在古埃及，镶嵌石叶的镰刀一直用到铁器时代。这是因为当地优质石料很丰富，工具生产成本也比较低廉，而金属工具相对比较昂贵，所以，一直到铁器时代冶金术普及，金属工具的生产成本降低之后，石器技术才逐渐消亡。

知识窗

丹麦学者汤姆森用人类技术的递进来划分人类的历史，石器时代、青铜时代和铁器时代。人类从开始制造第一把石刀至今，已经有大约300万年的历史了，而石器时代占据了其中百分之九十九以上的时间。所以，石器应该是人类历史上使用最长的工具。而石器时代又分为旧石器时代和新石器时代，旧石器是指打制石器，而新石器就是磨制石器。但是，新石器时代的人类仍然使用打制石器。今天，我们仍然偶尔使用石器，比如石磨盘和磨刀石。

拓展思考题

1. 早期人类打制石器有哪些方法或技术？
2. 什么叫"软锤法"？这种技术有什么优点？
3. 为什么在铜器和铁器出现之后，石器仍然被使用了漫长的年代？

了解石器的用途——微痕分析

在发现古人类的石器后,起先人们是根据常识来判断分析的,即根据它们的形状、手握和使用的方便程度,与我们自己使用的工具进行比较,判断它们大概是派什么用场的。但是,这样的猜测和判断有很大的不确定性。微痕分析又叫使用痕迹分析,能够用来克服考古研究中不确定的主观判断。

学会了打制石器,可以知道远古人类的生产行为,但是仍然不知道这些工具的确切用途。20世纪50年代,苏联考古学家西蒙诺夫出版了《史前之技术》一书,介绍他用显微镜来观察石器上留下的使用痕迹。这本书在1964年被译成英文后,受到了美国考古学家们的重视。一位名叫基利的美国考古学家开始采用放大倍数不同的显微镜来进行观察,并通过实验仿制各种磨损痕迹来与史前工具上的痕迹进行对比,这种方法叫做"微痕分析法"。

这一方法提出后,也有些学者觉得不大可信。于是,伦敦大学的纽克默与基利商定,采用一种叫"盲测"的试验方法来检验这一方法的可行性。试验开始了,纽克默仿制了一批打制石器,然后用它们加工不同的材料,如木头、肉类、鹿角、草和皮革等,并作了详细的记录。实验完成后,纽克默将工具洗净寄给基利,由基利进行微痕分析,看结果是否和实验相吻合。

基利对这批标本进行了观察,结果相当令人鼓舞。他辨认出了16处磨损痕迹中14处痕迹的用途,辨认出12处工具的使用方法和10处工具所加工的材料。在核对结果时十分有趣,比

石制的矛头

如一件工具切割放在木砧上的肉，基利辨认出此工具有加工木头和肉类的痕迹。他的一些误断也并非没有道理，比如，他将一件切割冻肉的石器判断为加工木头。

在获得了肯定的结果之后，基利着手分析旧石器时代的工具。他选择了英国克拉克当文化的三个遗址的标本，微痕观察表明，它们均被用来屠宰动物和加工木头、皮革和骨头。有些手斧

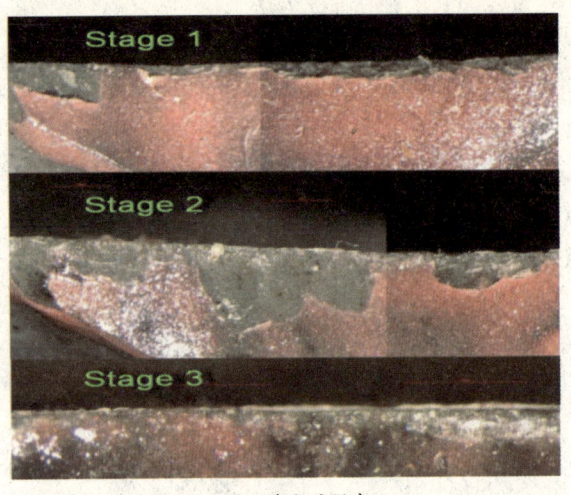

石器刃缘上的微痕

被用来切割肉类，而被列为刮削器的工具大多是用来加工皮革的。还有的手斧尖部有钻木头的痕迹，并沿顺时针方向旋转，同时向下用力，这说明，猿人大体上已习惯了用右手来操作工具。

美国考古学家安特生·格福德对法国佩里戈德地区三处旧石器时代中期的莫斯特文化遗址中出土的石器进行微痕分析，获得了颇有价值的信息。许多石片工具有装柄的痕迹。装柄的方式是将石器镶嵌到裂开的木柄上，再用绳子扎紧。工具的用途包括刨、刮和楔裂木头，以及加工植物。有些凹刃的刮削器被用来刮削木棍或木矛，说明尼人的重要武器是木制的长矛。

在微痕分析方法的启示下，一些考古学家开始采用更先进的手段来从石器工具中提炼文化信息。1983年，加拿大考古学家洛伊发明了一种方法，从残留在石器工具上的血渍来分辨血红蛋白所代表的动物物种。洛伊从加拿大不列颠哥伦比亚省沿海的一处遗址中采集到一批石器，从中挑选了104件燧石、玄武岩和黑曜石制作的石器，其中一些石器上有屠宰动物时留下的血渍。根据不同物种具有不同血红蛋白晶体形状的特点，洛伊鉴定出麋鹿、驯鹿、雪兔、灰熊和海狮等动物。

洛伊进一步扩大他的成果，他发现石器上的血渍有可能残存10万年。他从伊拉克东部巴达–巴尔卡遗址中的三件石器上分辨出一

尼人使用过的石器

种反刍动物的血渍，年代大约在 125000~75000 年前。洛伊还用免疫测试方法来分辨石器上的人类血渍。他用这种方法分析的 25 件石器上，有 18 件工具的血渍显示有人类免疫蛋白的阳性反应。一件从巴达－巴尔卡遗址发现的石器上的血渍肯定是属于尼人的，但是这并不意味着这件石器是用来杀人的。因为在打制石器时，锋利的石片边缘常常会使人的手受伤，在石器上留下血渍。这种血渍分析还可以与人的死因联系起来，比如从一名生活于 1400 年前的妇女胸腔里的箭镞上血渍分析判断，她是被箭射死的。

除了血渍分析以外，其他残渍分析也发展起来了。考古学家从留在石器上的残渍分辨出动物的毛发、羽毛和植物纤维。洛伊等学者对所罗门群岛上发现的 28000 年前的石器上残留的植物淀粉作了鉴定，证实这一地区人类利用植物根茎的古老性。

在微观分析和其他先进技术手段的辅助下，考古学家的分析视野已被大大拓宽。他们可以逐渐摆脱过去那种凭猜测、常识和经验的分析方法，已能比较肯定地了解史前社会中发生的一些具体事件。

知识窗

旧石器考古学一直用形态结合功能来命名石器工具，如盘状砍砸器、圆头刮削器、柳叶形尖状器等等。虽然考古学家用类比和猜测来命名工具，却并不清楚这些石器到底是用来干什么的。在微痕分析问世后，我们不但能够了解这些工具的确切用途，而且能够更好地了解古人类的生计和行为方式。

拓展思考题

1. 微痕分析能够了解远古石器的使用方式，考古学家是如何来判断这些工具是用来加工何种物质材料的？
2. 考古学家如何发现史前石器上的血渍并判断是属于何种动物的？
3. 有了微痕分析方法，对于我们了解远古人类的行为有什么帮助？

生存方式的革命——用火

> 制造工具和用火是人类文化发展的两个最重要的里程碑。火可以取暖、带来光明、驱逐猛兽，有助于熟食。用火扩大了人类定居的地理范围，使得人类能够向高纬度地区扩散。用火又扩大了可食食物品种的范围，增强了人类的适应能力，使得人类从野蛮走向文明。

石器工具可以帮助人类觅食、防卫，并制作其他的武器和工具。用火几乎与制造工具有相同的作用，但除此之外它还有独特的优越性，用火可以取暖，可以在黑暗中带来光明，并且有助于熟食。因此用火不仅扩大了人类栖居的地理范围，使人类居住区向高纬度地区扩展，而且促使人类饮食从生食转向熟食，这对于体质演化的影响是不可低估的。吃熟食后，人类不再需要强大的咀嚼肌来加工粗糙的食物，同时熟食又有助于消化与吸收，为人体提供更丰富的营养。用火还可以扩大可食食物品种的范围，增强了人类的适应能力。熟食对人类的智力发展也有较大的作用，它使得人类的肌肉和骨骼变得纤细、优雅，使人类从粗野变得文明。

恐怕所有的动物对火都有一种恐惧感。人类在其演化的过程中也一定有一个从恐惧火到认识火，最后到控制火的过程。在许多原始部落中，火是一种神圣之物，它和太阳一样神秘，所以他们往往把火和太阳当做一种超自然的力量来顶礼膜拜。熊熊的烈焰，那鲜红的颜色和灼人的热量，很容易使人联想起人和动物的血液和生命，将它看做是生命之源。远古人类的祭祀活动都离不开火：中美洲玛雅人的金字塔就是用来祭祀太阳的；我国新石器时代晚期江浙一带的良渚文化的土墩祭坛也是祭天的

猿人保持火种

"金字塔"，上面有被火燎烤的痕迹。

根据目前的考古证据，1万年前旧石器时代人类的用火遗迹在欧洲、亚洲和非洲发现不少，但是大部分仍存有疑问。这是因为，自然野火也会留下炭屑，而真正的人类用火遗迹在经过长时间的自然力改造以后，有时也难以辨认了。

在周口店的中国猿人遗址发现了两条灰烬层。20世纪30年代末，其中的一些骨头被送到大英博物馆作化学分析，证实是烧骨。而灰烬层的成分也含有游离碳，所以，周口店一直被认为是人类用火的最早证据。

但是，1985年美国考古学家宾福德怀疑猿人洞大片灰烬层不像是人类有控制用火形成的，而像是鸟粪一类的有机物自燃形成的。1996年和1997年，一个由以色列、中国和美国科学家组成的专家小组，对猿人洞的两条灰烬层采样作物理和化学分析，以测定沉积物中灰烬的成分。检测结果发现，一些黑色的动物骨骼确实是烧骨，却没有发现草木灰烬的成分——植硅石。所以，有些美国学者怀疑烧骨并非

烧制陶器和金属冶炼是用火能力的进步

是当地用火所致,可能是被水冲进去的。中国学者觉得这次分析的采样可能有问题,没有找到用火的原生位置,所以这个问题还有待于进一步的研究。

非洲比较可靠的用火遗迹是赞比亚北部的卡兰波瀑布,那里发现了烧焦的圆木、炭屑、红烧土、炭化的草茎和其他植物。这个遗址最初用碳-14测定年代为61000年之前,后来根据氨基酸外消旋法测定年代为11万年前,而现在被估计在18万年前。

欧洲最古老的人类用火证据在捷克的维尔德兹佐罗遗址发现,从中出土了一批砾石工具和喜寒的哺乳动物群。用火证据是一些烧骨,但没有炭屑。用铀系法测定遗址年代为距今35万年前。

从利用自然火到人工取火,是文明的一大飞跃。人类何时会人工取火仍不清楚,并且这个时间在世界不同地方有很大差异。比如,今天塔斯马尼亚的土著人仍不会人工取火,而是小心保存从邻近部落借来的火种。

人类取火的办法一种是击石取火,就是用黄铁矿打击燧石或火石,用产生的火星来点燃一些干燥的菌类;另一种就是钻木取火,用一根硬木棍一头磨尖,放在一块干燥的松木上,用手迅速捻转,摩擦产生的热量会熏燃火绒而产生火种,这种方法的进一步发展是古埃及人和爱斯基摩人用一张弓来旋转木棍,叫做"弓钻"。

知识窗

用火相对于其他文化属性更加被视为人类的标志,这是人类最早学会操纵的自然力。因为,这表明早期人类不再像其他动物那样对火感到恐惧,而会部分控制火的力量。像中国猿人的用火可能还是一种比较初步的利用,但是还不像现代人类那样能够人工取火,并用炉灶来进行有控制用火。对于中国猿人,火很可能是一种生态武器来对付周围的猛兽,而用火熟食可能还是处于第二位。

拓展思考题

1. 用火对于人类进化有什么样的作用?
2. 为什么周口店中国猿人遗址的用火遗迹存在争议?
3. 保持自然火种的用火与人工取火对于人类适应有何种重要意义?

人类迁徙——全球的足迹

> 像动物一样，人类也有迁徙的习惯。但是，人类也有迷恋故土的情结。在食物充足和环境适宜的情况下，人类一般愿意安于现状，而不愿意贸然前往一处凶险未卜的陌生地区。促使人类迁徙的动力可能还是人口压力，也就是说人口的增长导致食物短缺，迫使人类向其他地方迁移。所以，人类的迁徙史也是人口增长的历史。

地球上的许多动物都会迁徙，比如有些北半球的候鸟会在秋天南迁，春天又返回北方。在长途迁徙中，它们白天靠太阳，晚上靠星星导航。而一种会迁徙的鲑鱼会回到自己出生和度过幼年的那条河流，甚至到它出生的同一地点去产卵。这种分辨回乡路线的能力只能来自对过去的记忆，比如途中的水温、河床特点，以及瀑布的声响和河水的流速等。

人类的近亲猿猴在空间分布上较为狭窄，活动的范围也较小。大部分的种类生活在热带雨林，有两三种生活在草原地带，而仅一种生活在半沙漠的环境里。陆栖的狮尾狒狒为了觅食，每天都得长途跋涉，而大部分树栖动物的活动范围不超过2000米。类人猿和猴类对它们生存环境中的食物资源有精确的了解，总的来说它们都尽量避免离开自己熟悉的环境，它们对空间的概念局限在自己生物学的需求之上。但是，人类对空间的意识则是一种社会和意识形态的需求。人类迁徙与动物迁徙的区别在于，人类会发明种种装备来帮助自己去探索遥远

古人类的迁徙

的空间,并以更精确的定向方法和更快的速度移动。

旧石器时代的人类是狩猎采集者,他们一般是随着动植物的分布而逐渐扩散开去的。由于人口的缓慢增长以及技术水平的提高,特别是用火能力、制作衣服和房屋掩体能力的提高,人类逐渐可以在寒冷的高纬度地区生存。在猿人或直立人阶段,人类已从热带的非洲地区迁徙到了亚洲和欧洲的温带地区。

1492年,意大利航海家哥伦布的船队抵达美洲大陆,发现当地居住着一批土著居民,他以为到了印度,所以把他们叫做印第安人。现在我们知道,印第安人是来自亚洲的蒙古人种,他们是在大约两三万年前取道白令海峡到达美洲的。原来,在更新世的最后冰期,海洋中大量的水以冰雪形态留在陆地上,形成了很厚的大陆冰川。在晴朗的日子里,亚洲和美洲可以隔岸相望。而连接亚洲和美洲的白令海峡最深处仅74米,海底平坦,所以在海平面下降近百米的冰川高峰期,白令海峡大部分的海底都露出水面,形成了一片面积达2000平方千米的次大陆——白令吉亚。它当时和阿拉斯加连在一起成为西伯利亚的一部分,各种动物都可以在此生息、往来。比如,更新世在西伯利亚生活的22种大型哺乳动物,除了披毛犀外,都可以在北美找到,由此可见当时亚洲、美洲两大洲是连在一起的。

这批到达美洲的亚洲居民是高明的猎手,他们跟随大动物迁徙到新大陆,所到之处成群地捕杀猛犸、驯鹿和野牛,使动物群的数量锐减。他们在到达阿拉斯加

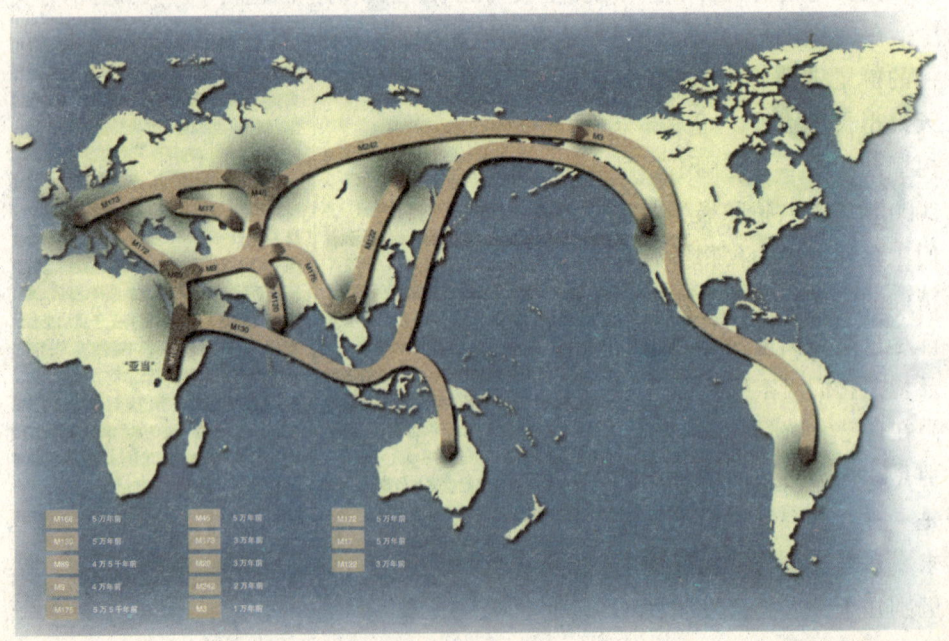

人类向全球的扩展

后不断向南推进，像秋风扫落叶一样，猛犸迅速绝灭，野牛数量也大大减少，其中一些猎人大约在距今11000年前，抵达了南美的最南端——火地岛。

地球上另一块新大陆是澳大利亚大陆。但是，即使在冰期的高峰时期，澳大利亚大陆也是一片孤立的大陆，从未与亚洲大陆相连。这是因为大洋洲与亚洲边缘之间的爪哇海沟有7800米深，两地相隔的海域有9600米宽。目前在

现代智人的祖先走出非洲

澳大利亚的南部发现了三四万年前的人类遗址，说明东南亚的先民至少在三四万年前已经能制造某种适于航行的装置了。澳大利亚的考古学家认为，中国南方的柳江人很可能是大洋洲居民的祖先，他们利用东南亚丰富的竹子资源作为水上的交通工具，以捕捞海洋资源为生，逐渐占据了东南亚的各个岛屿，最后漂移到了大洋洲。这一迁徙过程是逐渐的扩散，而非定向的探险航行。

知识窗

在史前期，人类有几次重大的迁徙。最早的是大约200万年直立人向欧亚大陆的迁徙，之后是10万年前晚期智人走出非洲的迁徙。还有，就是大约5万年前人类到达澳大利亚和大洋洲，最后是大约2万多年前人类从西伯利亚通过白令陆桥到达北美，并迅速推进到南美的火地岛。

拓展思考题

1. 在自然界，每种动物都会迁徙，而人类与动物的迁徙有什么区别？
2. 在更新世晚期，晚期智人的全球迁徙对动物群产生了怎样的后果？
3. 今天，全球和我国的人口仍在不停地迁徙，这种迁徙与早期人类的迁徙有何不同？

重建古人类食谱——微量元素

人以食为天，在了解古人类的生计时，探究他们吃什么东西显然十分重要。但是，古人类的狩猎采集经济利用的是多元化的食物资源，而这些资源并不一定能够保存下来，比如植物性食物就几乎难以留存到今天。我们还对经济的变迁感兴趣，比如人类为何以及如何从狩猎采集转变为农业经济的。现在的科技考古能够为我们提供这个答案。

长期以来，考古学家了解远古人类的食物，要靠发现遗留的厨庖垃圾里的动植物残骸来判断。但是，从20世纪80年代起，考古学家开始从另一角度来探索远古人类的生存方式、经济形态，这就是利用人类骨骼的微量元素和古病理来帮助了解古人类的食谱和营养状况。

原来，在人类摄入的食物中，各种微量元素是不同的，这些微量元素如锶、镁、铜、铁等元素，以及一些放射性元素如碳和氮，是非常有效的食物结构指示器。

锶元素的含量是肉食和素食的重要指示器。因为自然环境中的锶是无处不在的，植物从土壤中吸收锶，因此锶含量很高。而锶和钙在动物体内是能够相互置换的元素，但是动物有一种偏从钙、排斥锶的倾向，没有排泄掉的锶就以置换钙的方式沉积在骨骼中。由于食草动物要比食肉动物摄入更多的锶，所以在同一地区食草动物骨骼中的含锶量要比食肉动物来得高。同样，主食为素食的人要比主食为肉食的人骨骼中的含锶量来得高。所以，可以通过分析古人类骨骼中的含锶量了解狩猎采集经济以及它向农业经济的转变。

喇加遗址出土的4000年前面条

碳同位素也是很有用的食物指示器。人类体骨30%是骨胶，其中的碳是由两种恒定的同位素碳-13和碳-12构成。这两种碳元素在食物中含量各异，因此碳-13和碳-12的比值可以反映古人类的食谱。

在温带地区，大部分植物在光合作用中形成3个分子的碳水化合物，称为碳3植物。而在热带和亚热带地区，植物有较长的光照并吸收较少的水分，在光合作用中形成结构为4个分子的碳水化合物，被称之为碳4植物，这类植物包括玉米、小米、甘蔗等。碳4植物要比碳3植物含有更多恒定碳同位素，因此碳-13与碳-12的比值较高，这一比值用dl3C‰表示。以小米或玉米为主食的人群与狩猎和采集的人群相比，前者在骨骼中含有更高的dl3C‰值。

另一有助于复原远古人类食谱的同位素是氮。氮同位素氮-15和氮-14在植物中含量不一，而在豆类中含量特别低，这是因为豆类能将氮元素固定在土壤里，所以在植株中含量贫乏。植物中的氮-15与氮-14的比值用dl5N‰表示，非常低的dl5N‰的值可以表明食谱中引入了豆类植物。大约在公元500年左右，加拿大安大略南部人群的骨骼从很高的含锶量、较低的dl3C‰值向含锶量变低、dl3C‰值上升的方向发展，反映了当地的人口开始引入农业，饮食从较为多样的食物来源向一种较为集中的、以玉米为主食的食物结构转变。这和考古发现中玉米残骸增多完全吻合。

此外，研究口腔卫生以及骨骼的病理也可以了解古人类的食物结构和营养状况。对于狩猎采集群来说，牙齿一般表现为显著的牙齿磨耗、中度的牙周炎、较低的死前缺牙率、低比率的龋齿。比如，北极的爱斯基摩人以渔猎为生，表现为严重

安第斯山脉亚马孙河流域
植物：土豆、木薯、菠萝、昆诺阿苋、可可豆
动物：美洲驼

土豆

世界农业人群的食谱

晚期智人在狩猎野牛

的牙齿磨耗，但几乎没有龋齿。而对于加拿大安大略南部的早期农业人口，他们牙齿的磨耗减弱，死前缺牙率上升，龋齿非常普遍。在用石磨盘脱粒的人群中，由于食物中掺入了沙粒，臼齿的磨耗较为严重。

当人类采用农耕的生产方式，食谱从以前较为多样的种类转向依赖某一特定的农作物时，会造成慢性营养不良。缺乏一些微量元素会导致体质状况的变化，如身高变矮，乳齿变小，童年发育受阻，骨骼发育不良。北美许多地区引入玉米后，贫血十分流行，因为玉米几乎不吸收铁元素。农业人口的聚居，也使卫生条件恶化，疾病感染率明显上升。

早期农业经济在许多方面不及狩猎采集经济，它惟一的优点是能从单位面积上获得更多的能量，因此能供养较多的人口。食物种类的单一化，造成饮食质量下降和营养不良。所以，欧洲、南亚和北美新石器时代早期的人类发展显示体质条件下降、平均寿命缩短的特点。

知识窗

研究古人的饮食一般有两种途径。一种是了解人们每顿的饭食，主要从陪葬的食物、木乃伊或古尸肠胃中残留的食物来了解。另一种就是长时段或一辈子的食谱，这就靠研究骨骼中的微量元素。过去，像农业起源等重大的生计和经济变迁，主要从生态环境和动植物的变化来研究，现在只要分析骨骼中的微量元素，就能基本确定人类食物结构的变化，从而判断生计和经济的变迁。

拓展思考题

1. 人以食为天，早期人类的食谱和我们有什么不同？
2. 为什么农业是比狩猎采集更为辛苦的生存方式？
3. 考古学家如何来重建古人类的食谱？

农业起源——新石器时代革命

我们今天的主食和副食几乎都来自驯化和栽培的动植物品种，而这个驯化栽培历史还不到一万年。过去人们以为，人类生计的变迁是一个很快的过程，好像突发的"革命"。但是，现在我们明白，这个过程是非常漫长而无意识的过程，是人口、环境和自然资源之间微妙平衡过程的结果。

从人类诞生至今已有二三百万年的历史了，这段历史中99%以上的时间是处在以狩猎采集经济为特点的旧石器时代。大约在1万年前，在世界的许多地域几乎同步开始了驯养动植物的活动，农业起源的序幕拉开了。

对于农业起源的原因，人们长期以来是用一种"发现论"的观点予以解释的，把农业经济看做是比狩猎采集更为进步的一种生存方式。这种观点认为，人类在漫长的旧石器时代不懂驯养动植物是因为人类的智力低下，缺乏这种智慧和能力来实践农耕经济。农业的起源一定是由极具智慧的群体发明或发现了这种进步的生产方式，以取代落后的狩猎采集方式，于是农业经济的优越性就马上体现出来，并被其他群体所采纳，迅速传播开去。

20世纪60年代，美国考古学家发现，农业是比狩猎采集辛苦得多的一种生存方式。它投入的劳力大，回报不稳定，食物种类单调，而它与狩猎采集相比，惟一的优点是能在相同面积的土地上获得更多的能量，因此能供养更多的人口。所以，只要人口数量保持在较低的水平，自然资源比较丰富，人类是不会去从事得不偿失的农耕实践的。因此，农业起源实质上是对人口增长或资源短缺而采取的一种应付危机措施。

大约在35000年前，现代智人取代

刀耕火种

了尼人,并采用了更加进步的石器技术,使狩猎活动的效率提高。在这一时期,人类进一步向北方扩散,占领了北欧和西伯利亚等高寒地区,并到达了美洲和大洋洲,出现了全球性的人口增长。

到了1万年前的中石器时代,地球上的气

毁林烧荒

早期农业村落

候巨变，使得一些动物迁徙、绝灭和消失，打断了地球上的生物链。另外，旧石器时代晚期人类的过度捕杀也对动物群的锐减有很大的影响。于是在有些人口密度较高的地区，现有的土地、资源无法养活这么多的人口。

面对这种形势，人类可以有两种选择，一是强化利用以前不被利用的资源，特别是水生资源；二是向以前的无人区迁徙。但是，河湖海洋中的资源也并非取之不尽，而以前无人的环境也会有人满为患的一天。当人类再度面临生存压力的时候，仍然需要找出其他的办法来应付生存危机。

当然，人类的适应性不会使他们在资源枯竭之后才寻找出路，而是在资源存在阶段性压力的情况下就开始着手驯养动植物来补充野生资源的匮乏，当驯养的动植物的回报率超过了野生资源时，农业才会最终取代狩猎采集经济成为人类主要的经济形态。

我国黄河和长江中下游地区农业起源的时间较早，但是在内蒙古、东北、新疆、西藏以及广大华南地区则可能较晚。这是因为我国的高纬度和高海拔地区的生态环

早期的农业

境不适合农作物的生长，早期农作物的产量不足以取代野生资源。所以，在蒙古高原地区，狩猎经济变成了畜牧经济，而东北一些少数民族的狩猎经济一直延续到很晚的历史时期。而在华南地区，较为丰富的植物资源也会对农业的兴起起一种制约的作用。华南地区温暖的气候有利于多种植物的生长，贝类和鱼虾也较多，土地的载能要比华北地区来得高，所以华南地区农业起源的时间也来得迟缓。

总之，人类经济的发展显示了从利用各种野生动植物资源，逐渐向改造环境和集中培育少数高产食物品种发展，以应付人口几何级数增长的过程。

知识窗

英国考古学家柴尔德将农业起源称为"新石器时代革命"和人类社会的"第一次革命"。这意味着，正是由于人类经济形态的变革，为推动社会的发展创造了条件。狩猎采集经济是一种"利用经济"，这种经济产出很少，无法供养较多的人口。而农业是一种"生产经济"，产量要大得多，因此能够供养很多人口。一旦人口增加，人类社会就开始加速向文明方向发展。

拓展思考题

1. 为什么农业不是一种发明，而是人类长期适应和改造自然的结果？
2. 农业与狩猎采集相比有哪些优越性和哪些缺点？
3. 为什么农业的发展在不同地区会存在不同的形态，比如在北方草原不是以栽培为主，而是以畜牧业为特点？

环境篇

气候变化——沧海桑田

人类的演化与气候环境密不可分。古猿从森林走向旷原，猿人从非洲走向欧亚大陆，尼人的演化以及现代智人的发展和迁徙，无不与他们的生存环境变迁有着千丝万缕的关系。今天我们也面临着全球气候变化的问题，对我们人类未来的发展至关重要。

人类起源和发展的二三百万年在地质学上属于新生代的第四纪。在这一阶段里，发生过几次大的冰期和非常频繁的冷暖波动。在最大的一次冰期里，地球上大约百分之二三十的陆地被冰雪所覆盖，而现在地球上冰雪的覆盖面积大约为百分之一。所以，人类是在对严酷气候变化的适应中发展起来的。

在第四纪中，至少发生过四次时间长度在20万~10万年的大冰期，冰期之间的温暖阶段叫间冰期，也有10多万年的时间长度。对于我们目前生活的较温暖的阶段，有人认为这也是一次间冰期，若干年后寒冷的大冰期会卷土重来。

当冰期来临之时，全球温度下降，降雪量增加。当降雪量超过了它的消融量时，就会以冰盖的形式留在陆地上，并会不断扩张，形成巨大的大陆冰川。比如，在最

现代的山地冰川

北欧的冰川

冰盖
苔原
稀树草原
沙漠
热带雨林
● 早期智人重要遗址

末次冰期地球表面的冰川覆盖

高冰期时，北欧的冰流延展到了北纬47度的地方，北美大陆在北纬38度以北的地区全在冰盖以下，冰盖的厚度可达1000米。亚洲北部的西伯利亚比较干燥，所以冰盖较小，主要分布在北极圈附近。

冰期中的气温比现代的平均气温约低$8\sim12℃$，寒带区扩展，温带和热带区缩小，中低纬度山地的雪线要比现在的雪线低$1000\sim1500$米。在中低纬度的地区，则出现潮湿多雨的气候。

地球气温升高，降雪量减少，每年的雪消融量超过了积累，就会发生冰川的大规模退缩。地球上冰期和间冰期的更替，在地表上会留下不同类型的沉积物，并有分别适应寒冷和温暖气候的动物和植物群化石的交替出现。这样就可以告诉我们冰期的序列和发生的次数。

中国位处亚洲大陆的东部，西部地区深入亚洲内陆，气候复杂多样。东半部属东亚季风气候，夏季高温多雨，冬季干燥寒冷，西半部为大陆性的干燥和半干燥气候。我国东部的第四纪被划分为四次大冰期，它们是鄱阳冰期、大姑冰期、庐山冰期和大理冰期，相当于欧洲的恭兹冰期、民德冰期、里斯冰期和玉木冰期。

在第四纪，华北干冷气候形成的一个最明显的景观就是黄土。它从新疆、甘肃一直分布到河南、山东，形成了面积很大的黄土高原。这些黄色沙土是在冰期阶段被高空气流从中亚的沙漠地区携带而来，掩覆了丘陵、盆地和河谷，形成了一块

华北的黄土地貌

面积超过 38 万平方千米的"黄土海"。黄土堆积最厚的地区在黄河中游,而洛河和泾河流域的黄土厚度大约在 100 米以上。自黄河中游以西与以东地区,黄土厚度则逐渐变薄。

在黄土高原上,气候十分干燥,年降雨量不到 500 毫米,但蒸发量很大,所以大部分地区是草地、半草原、荒漠草原和荒漠的景观。在这种环境里,生长着许多啮齿类动物,植被为大量的灌木和草类。

在中国的南方地区,则是一种雨期和间雨期的变化。当北方处于冰期时,极地高压带向南移动,使南方地区的低气压活动频繁,造成这些地区雨量充沛。而当北方处于间冰期阶段,气温升高,南方地区的雨量就相对减少,出现了干燥的气候,被称为间雨期。由于华南地区的气候波动不如北方来得剧烈,所以动植物变化不如北方明显,整个更新世的动物群以剑齿象和大熊猫为主要代表。

知识窗

第四纪又称为人类纪,这段时间里环境和气候变化剧烈,对古人类的演化和迁徙产生了重大的影响。比如,对于猿人或直立人以及现代人走出非洲,向全球扩散起到重要作用的,可能就是气候变化。气候变化影响到局地食物供应时,古人类就可能向别处迁徙。非洲地区在冰期间断性的干旱,很可能是将猿人和现代人祖先赶出非洲,走向全球的原因。

拓展思考题

1. 第四纪又叫"冰河时代",那时的气候与今天有什么区别?
2. 冰河时代为什么会形成大陆冰川?在南方温暖地区则表现为怎样的气候?
3. 第四纪气候波动对人类进化有怎样的作用?

动物群的变迁——动物考古

第四纪是动物特别是哺乳动物大发展的阶段,而第四纪气候冷暖的变迁,造成动物群大规模的迁徙、更替和绝灭。冰期阶段发生的海平面上升与下降,使各大洲之间的陆桥沉没和出露,也促使哺乳动物大规模地迁徙。

在第四纪的地层中,常常会发现许多喜冷的动物群出现在现在的温带地区,有时在今天的寒带地区,也会发现大量喜暖的动物群。这是由于第四纪冰期和间冰期的更替所造成的生态环境变化引起的。

由于哺乳动物群在漫长的地质时代中,随着气候和环境不断变迁,所以它们留在地层中的骨骼可以用来标志地质时代和环境条件。

今天在我国,大象仅生活

与古人类共存过的动物群

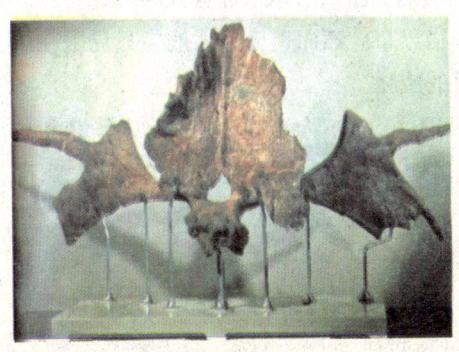

肿骨鹿的大角

在云南极小范围的热带森林中,但是在更新世阶段,各种象类在中国分布很广并极为繁盛。1973年,在甘肃合水县发现过一具几乎完整的剑齿象骨骸,被命名为黄河剑齿象。它身高4米,体长8米,两根獠牙长3米多,非常雄伟。它的体形不像今天大象那样,背脊前后高、中间低,呈鞍状,而是肩部最高,背脊向后倾斜。它前

保存在极地冻土中的猛犸象

额平坦，鼻子很长。从它的牙齿和骨骼估计年龄大约有 100 岁左右。黄河剑齿象生活在大约 200 万年前，它告诉我们当时的甘肃不像今天这样干燥寒冷，而是一种炎热的热带和亚热带气候。

在我国的东北和内蒙古东部，曾经生活过另一种大象，这就是猛犸象。猛犸象适于寒冷的气候，在西伯利亚和北美的阿拉斯加发现过完整的冰冻猛犸象肉尸，体外披有棕褐色的长毛，背部的毛长达半米，獠牙又长又大，并强烈弯曲旋卷，最长可达 5 米，一根象牙就有 400 千克重。猛犸象到 1 万年前的全新世初才绝灭，在它们生活的气候环境中，7 月的温度也只有 7~13℃，它们的食物主要是冻土带的苔藓和灌木。它们的绝灭一方面与全新世气候变暖有关，另一方面也和人类的捕杀有关。

更新世时在我国南方，大熊猫一直是动物群的主要角色。它们数量多，分布范围也很广。化石的发现告诉我们，在距今 100 万年前的早更新世，广西的柳城就有大熊猫。在距今 50 万年的中更新世，华南各省、陕西、北京都有大熊猫的足迹。一直到 1 万年前，华南各省和四川仍有大熊猫分布。然而，今天大熊猫只局限在川陕交界的狭小山区，数量极少而且面临绝灭的威胁。

更新世晚期到全新世早期，一种叫"四不像"的麋鹿在我国东北、华北和华东八九个省有广泛的分布，化石产地达 20 多处。这种大型鹿类体长约 2 米，肩高 1 米多，雄性体重可达 200 千克。雄鹿有角，雌鹿无角，尾巴长，喜欢涉水，以草和水生植物为食。到 18 世纪，中国已无野生四不像，仅在皇家的南苑狩猎场豢养着一群麋鹿供统治者围猎取乐。1900 年，八国联军入侵，南苑中的四不像被洗劫一空。直到 20 世纪末，一批四不像从欧洲重新回到故土，继续在故土繁衍。

环 境 篇

古印第安人狩猎猛犸象

知识窗

　　在整个更新世阶段，随着古人类技术和工具的发明和使用，特别是晚期智人投矛器和弓箭的发明，使得猎取大型动物的能力迅速提高，这就导致了一些动物数量的急剧减少和绝灭。更新世有许多动物的绝灭很可能与人类活动有关，比如猛犸象。动物绝灭的浪潮如今仍在继续，人类活动的蔓延已经将动物逼到了无法生存的绝境，处于濒危状态的动物比比皆是。

拓展思考题

1. 为什么从动物群的变迁可以了解环境条件并判断时代？
2. 中国更新世北方和南方动物群有什么区别和特点？
3. 动物群的变迁与人类进化有什么关系？我们今天为什么要拯救濒危动物？

孢粉与植被——植物考古

> 研究古人类的演化，了解其生存环境是必不可少的一部分，而了解环境注注先从植被入手。由于植物位于食物链的底部，因此，某特定区域和阶段的植物群也为当地动物和人类的生活提供了线索，也会反映土壤条件和气候。有些植物类型对气候变迁的反应相对敏感，经纬度上的植物群变化直接将气候变化与人类陆地环境联系起来，如冰河时代。

了解第四纪生态、气候变迁的另一个途径是植物群，而孢粉分析则是最常用的手段。孢粉是孢子和花粉的总称，孢子一般是指蕨类、苔藓和其他低等植物的孢子，而花粉是裸子植物和被子植物的雄性配子体。

许多植物会产生数量巨大的孢粉，这些孢粉是极其微小的颗粒，肉眼和一般放大镜都看不出来，只有用显微镜放大千百倍才能看清楚。小的孢粉的体积只有几个立方微米，像一粒芝麻的几百分之一。孢粉体积虽小，但是由于它们巨大的数量、极佳的悬浮性和易于扩散的特点，可以分布到非常广阔的环境里，并能从土壤、湖泊的沉积物中找到。再加上孢粉化学结构稳定，种类形态各异，它在地质学、考古学、古生物学中是非常有用和发展迅速的一个研究领域。

对于考古学家来说，孢粉最有用的是可以反映它们沉积时的气候与植被状况，并可以从它们沉积年代的早晚来了解环境的变迁。考古遗址中的孢粉资料，可以告诉我们远古人类的生存背景。

植物的花粉有的靠昆虫传播，但大部分的树木和草类是靠风力来传播花粉，用风力传播花粉的植物要比用昆虫传播花粉的植物产生更多的花粉。据统计，松树每个雄花可生产150万颗粉粒，桧树是

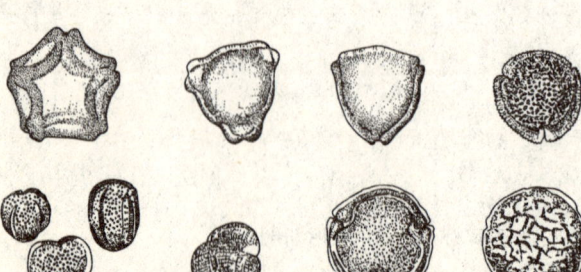

孢粉图谱

40万颗,橡树是41000颗,枫树是8000颗,苹果树是57000颗粉粒。这样,一棵山毛榉50年可生产204亿颗花粉粒,一棵松树50年可生产3060亿颗花粉粒。据说,瑞典的一片云杉林每年可以生产75000吨重的花粉。所以不同植物孢粉的不同产量,在植被复原中应当被考虑进去。

由于孢粉的悬浮性好,所以它们可以随风飘荡,到处传播。

南猿的生存环境

它们可以翻山越岭,飘洋过海,从几千米的高空飘到几千千米以外。在落地之后,它们也不像植物体那样在土壤中会烂掉。孢粉外表有一层坚硬的外壳,在里面的有机质消失以后,这层外壳仍然存在,成为孢粉化石,便于我们进行鉴定。

在更新世阶段,气候环境的波动使植物群也会发生变动,所以可以从植物的不同种类确定地质时代和推断当时的气候与生态环境。比如根据孢粉分析,人们就可以大致了解我国第四纪不同地区的植被分布特点。我国东北第四纪的冰期,低山平原上为亚寒带的桦树和针叶林,如云杉和冷杉等,并有地衣、苔藓和草甸等苔原植物。当间冰期气候变暖,落叶阔叶林向北扩散,包括核桃、山毛榉、椴树、罗汉松等。华北地区第四纪基本上比较干旱,孢粉分析反映的植被有杨树、柳树和榆树,黄土沙地上有栗、唐棣及一些耐碱植物。在东部地区的夏绿林带,主要有栎、槭等树木。

华中地区属于北亚热带范围,表现了北温带和亚热带植被的混合和过渡。丘陵植被有冬青、槭树、杜鹃、木兰、鼠李、茶科及蔷薇等,平原地区有各种草类繁衍。而华南地区大部分是亚热带气候,植被在第四纪变化不大。占优势的植被有棕榈科、天南星科、竹科,其他还有榕树、红树和各种巨大的藤本植物。为数不少的阔叶树,如木棉、凤凰果、刺桐也分

人类的摇篮——东非奥杜威峡谷的地层

远古人类——我们是猿人后裔吗

东方的奥杜威——泥河湾

布很广。

西北地区是最干旱的荒漠区，植被以蒿属和灌木为主。天山上有云杉和花楸，沙漠边上有白琐琐和黑琐琐及麻黄，盆地低洼处有芦苇、榆树和胡杨等。在塔里木盆地极为干旱的环境中则分布有耐旱的小灌木，如白刺、藜科、合头草，以及耐旱的芦苇。

在每个区域，第四纪地层中的孢粉可以由不同地点的片段互相连接，建立起一个详尽的植物演化史，它们和动物化石的记录及考古遗址的分布一起可以被用来复原远古人类在不同时代和环境中的生息和发展。有时，植物孢粉甚至可以提供非常珍贵的人类活动信息。比如，在加拿大安大略省南部，地质学家在对一处湖泊沉积物的钻孔取样中发现其中有一段含有玉米的孢粉，显然曾有古代的居民在附近居住并种植过玉米。考古学家根据这一线索在这一湖泊附近发现了一处古代易洛魁印第安人的村庄。

知识窗

花粉分析在冰后期或全新世（12000年以来）的应用上最为著名，孢粉学家已经为其勾画出一系列历时的花粉带，每个花粉带以不同植物群（特别是树木）为代表。孢粉研究还能为非常古老的环境如300万年前埃塞俄比亚奥莫河谷和哈达堆积古人类起源环境提供关键的信息，表明这些地区并非像今天那样干旱，当时的环境十分潮湿并郁郁葱葱。

拓展思考题

1. 考古学家如何从孢粉来分析气候与环境？
2. 用花粉来重建生态环境要注意些什么问题？
3. 环境变迁与人类进化有什么关系？为什么我们今天要保护地球的生态环境？

信仰篇

最早的信仰——认知的进化

> 智慧的发展是人类进化的一个重要特征。人类胜过动物,并不在于他体质特征比其他动物具有更强大的功能,而是用其智慧创造的文化方式来适应环境。人类信仰是智慧发展阶段的一个标志,表明人类开始具有了自我意识。而艺术表现的出现,是人类开始运用符号的开端。

人类信仰的发展是和智力的演化分不开的。就目前的考古学证据所知,人类大约在尼安德特人(即尼人)阶段已有了自我意识,也即有了生命和死亡的概念,并开始有通过某种宗教仪式来控制自己命运的尝试。

在尼人的行为中可以找到一些巫术活动的影子,它的目的在于通过操纵大自然而进行成功的狩猎活动。其中一个明显的证据出自意大利吉诺阿西部的"巫师洞"。在离洞口大约450米的洞穴深处,尼人对一个具有动物形状的石钟乳投掷土弹。从石钟乳所处的位置来判断,这不可能仅仅是一种游戏或训练狩猎能力的活动。尼人要到洞穴中这么深的部位去投掷土弹,说明这一活动具有某种魔力或宗教的含义。

1970年,考古学家在黎巴嫩的一个山洞中发现了一个鹿的"祭坛"。这一发

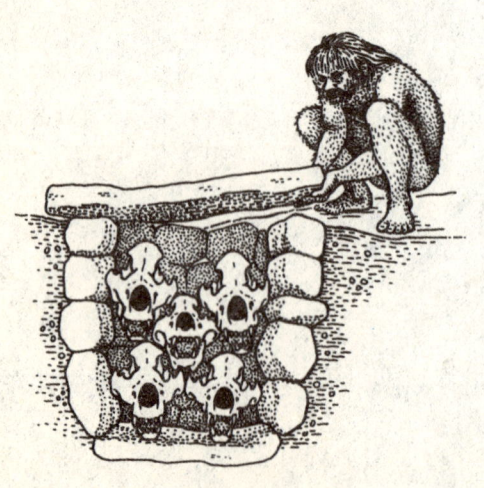

尼人的洞熊崇拜

克罗马农人在洞穴里绘画

现表明，大约在 5 万年前，有一头鹿被肢解后放在石板上，撒上了赭石粉。这种红色染料是血液和生命的象征。古人类的这种活动很可能是一种意在控制鹿群生死的祭祀活动。

尼人另一种有名的巫术活动是熊崇拜。20 世纪初，一位法国考古学家在瑞士阿尔卑斯山 2430 米高处的一个山洞中获得惊人的发现。洞穴的前沿部分是尼人的住处，在洞穴后部发现了一个用石板砌成的窖穴，上面又压着一块厚重的石板。窖穴中放着 7 个洞熊的头骨，全部面向洞口。再往洞穴深处又发现了 6 个洞熊头骨，安置在洞壁的壁龛中。同样，在法国南部的策哥坨，在一个四边形的窖穴中发现了二十几个洞熊头骨，上面压了一块重达 1 吨的大石板。

这种熊头骨的崇拜风俗，可以从现代土著人的信仰上得到启发。比如，西伯利亚的狩猎部落将熊看做是神话中人的化身。在杀死它们之前，人们要表示深深的歉意。在其他的土著中，熊被视为人类与主宰大自然的神祇之间的媒介。日本北部的虾夷人常常捕来一头幼熊作为贵宾养上一年，在冬天来临时，它被用作一段漫长祭祀活动的牺牲品，人们在向上帝祈祷时喝熊的血。这些人相信，熊的灵魂会返回森林向上帝报告人们的好意，以便让主管森林的神祇来年恩赐好运。

这种充满巫术或宗教意义的动物祭祀风气，到了克罗马农人阶段有了进一步的发展。生活在大约 28000 年前到 10000 年前的欧洲的克罗马农人是杰出的猎人和天才的艺术家，他们在欧洲南部的许多洞穴中留下了令人叹为观止的洞穴壁画。克罗马农人对他们的猎物有非常精确的观察和了解，并将它们的活动形象绘制下来，用到自己的祭祀活动中去。

在远古人类的社会中，自然万物与人类的生存有休戚与共的关系，许多人类生存所必需的资源自然会被神化，而人和这些资源的关系也就变成了人类与神祇的关系。对于以动物资源为生的狩猎群而言，动物的崇拜最为普遍。这种崇拜的意图是对这些动物予以特殊的关照，并企图以某种活动仪式来强化对这些动物的操控，比如增加猎物繁衍的数量，从而保证狩猎的成功。这种对特定动物的依赖，很可能是后来人类图腾出现的原因。

洞穴壁画的动物

壁画中的"中国马"

到了新石器时代,农耕经济的发展使人类与自然的关系又发生了变化。同农作物生长与收获休戚相关的太阳雨水和土地成为人类生存依赖的主要对象。于是,农业社会崇拜的神祇变成了太阳、天地以及冥冥中能给予帮助的先祖。在这一阶段,人类建造起巨大的神庙、祭坛和金字塔来祭祀太阳、天地和祖先,以企求风调雨顺、五谷丰登,并对神祇提供的恩惠和赏赐表示感激。

对自然神祇的崇拜和敬畏,常常伴随着许多禁忌,因为人们认为人类犯禁的行为会触犯神灵而遭到神灵的报复,而一些反常的自然现象也常被视为神灵的不悦和惩戒。这样,人类社会会力求在自己和自然之间保持一种和谐的平衡关系,而不是对环境和自然资源破坏性地开拓和利用。

女性雕像

当人类社会进一步复杂化后,等级社会形成,宗教信仰会被统治阶层用来作为控制社会民众的手段。自然界反复无常和无法驾驭的神秘力量,会使远古人类产生一种敬

四川三星堆的艺术人像

畏之心。而这种敬畏之心，常常会被统治者所利用。早期的部落首领往往是巫师或祭司，他们把自己装扮成神的代表，利用民众对大自然的敬畏之心来使民众臣服于他们。

知识窗

人类智慧的发展看来是和大脑的进化密切相关的，而现代人智力的发展是与大约4万年前晚期智人的进化同步的。人类的高级神经活动在旧石器时代晚期与我们现代人基本已经完全相同。语言、宗教、艺术这些文化现象，使得人类已经踏在文明起源的门槛上。

拓展思考题

1. 为什么说从尼人开始，人类有了自我意识？
2. 为什么说洞穴壁画并非现代意义的艺术？
3. 古代人类的艺术表现为什么会从动物转向自然现象如太阳、月亮和山川？

洞穴壁画——艺术还是巫术

> 西欧旧石器时代晚期出现了大量的艺术品。克罗马农人是高明的猎人,又是杰出的艺术家。他们对动物有非常精确的观察,这可以从具有某种巫术或祭祀意义的洞穴壁画中表现出来。

法国多尔多涅的洞穴壁画可以分为两种。一种是画在岩棚的石壁上,这种岩棚有较大的开口,面对河谷。如果架上用树枝编织的篱笆或兽皮,就能抵御冬天的寒风。从岩棚的地层中常发现有石器、动物骨骼、用火灰烬以及墓葬,说明人类是在此长年居住的。这种岩棚中的壁画由于长期暴露在阳光和风雨之中,很容易被破坏掉。

另一种令人叹为观止的壁画是发现在真正的洞穴之中,有的甚至位于无自然光线、神秘而又寒气逼人的洞穴深处,这些地方人是无法居住的,只有用火把照明才能到达那里。如尼奥克斯壁画就位于离洞穴入口1000米的深处,它显然是被克罗马农人用作神龛。

更令人难以理解的是,许多壁画绘制在不便观瞻的洞壁部位。所以,考古学家认为这些画不可能是以欣赏为目的的,它们一定被视为具有某种神秘的魔力,并起一种巫术的功能。远古人类企求壁画作为一种象征性的魔力来控制人们想要猎取的那些动物,从而避免狩猎碰到坏运气。

鲁迅先生也曾说过:"画在西班牙的亚勒泰米拉洞里的野牛,是有名的原始人的遗迹,许多艺术家说,这正是'为艺术的艺术',原始人画着玩玩的,这解释未免过于'摩登',因为原始人没有19世纪的文艺家那么有闲,他们画一只牛,是有缘故的,为的是关于野牛,或者是猎取野牛、禁咒野牛的事。"考古学家和鲁迅的推断是很有道理的。比如,有的壁画上的动物是受伤的,中了箭石奄奄一息。在蒙德斯潘洞穴中,有一头用泥塑成的熊躺在地上,身体被标枪戳过多次,显然是与狩猎有关的一种仪式。在法国的一个洞穴深处,克罗马农人用泥土塑造了两头长60厘米的野牛斜靠在一块石灰岩上。在拉西兹的一个洞穴中,画了一头已落入陷阱的猛犸象,将它长长的獠牙穿出在陷阱之外。

另外一个理由是,如果绘画是为了娱乐或欣赏,它们绘制时应当分布有序。然而,有许多壁画上的动物被重叠地绘制在同一个地方,说明这个地点具有某种魔力。人们在此重复进行绘画,应当与先后进行的祭祀活动有关。

还有一些画的是人兽合一的形象,人的身体上有一个兽的脑袋或鸟的脑袋,好像在跳舞。这些形象很可能代表巫师,或者是装扮成动物的猎人,也有可能代表一种想象中的超人生物,如狩猎之神或动物之神。

史前的画家,常充分利用洞壁自然的形体,随体赋形,使动物形象具有立体或浮雕的效果。比如,阿尔塔米拉洞穴(即鲁迅先生所讲的亚勒泰米拉洞)顶部中一头野牛被画在天然突出的岩体上;另一头野牛的轮廓则沿一块扁平突出的岩体勾画出,部分的躯干还经过凿刻加工,显示出它们的角、耳、蹄和尾巴等。阿尔塔米拉的主洞顶部画了几十只形态种类各异的动物,使人好像进入了原始圣教的殿堂。

这些史前壁画的颜料是用黑色、黄色、棕色和红色的黏土或矿物质在碾磨石

人兽合一的绘画

中箭的野牛

克罗马农人在绘制壁画

考古学家在复制壁画

上磨成粉末而制成，有时和炭、动物脂肪搀和在一起。它们或像蜡笔一样使用，或沾在干的苔藓上涂抹。有时，画匠们会用鸟的腿骨管制成"管笔"，将干粉状的颜料吹到岩壁上去。石灰岩壁会吸收这些颜色，在没有阳光和风雨的洞穴深处，这些壁画在被保存了几万年后仍然完好如初。

知识窗

今天的人类很难揣想几万年前克罗马农人的意识形态，也很难用现代艺术家的眼光来猜测艺术与生存的关系。但是毫无疑问，克罗马农人把与他们命运最攸关和最休戚与共的自然伙伴表达出来了。就像后来的人类，热衷于将他们寄予全部希望的上帝、菩萨和财神高高供奉于庙堂，并虔诚地顶礼膜拜一样，远古人类也将他们最出色的才华和艺术品贡献给能为他们带来希望的偶像。

拓展思考题

1. 史前人类为什么要将壁画绘在黑暗而难以观瞻的洞穴深处？
2. 史前画家在绘制壁画时是如何发挥自己的才能的？
3. 史前洞穴壁画至今能保存得栩栩如生的原因是什么？

古老的雕塑——意识的象征

今天人们普遍认同，人类与其他动物最明显的区别在于我们能使用符号。所有睿智的思想及所有连贯的语言都是基于符号，而且文字本身就是符号，它们用发音和字母表示，并借此代表或象征真实世界的某一方面。但是，赋予某特定符号的含义通常是随意的。早期的绘画和雕塑很可能是人类发明的最早符号形式。

除了洞穴壁画以外，克罗马农人也创作了许多可以移动的雕刻艺术品，这些古老的雕塑很可能具有与洞穴壁画相似的意义。在德国伏盖尔赫德遗址发现过一件用猛犸象牙雕刻的长6.25厘米的马，显微观察发现，这件工艺品经长期不断手捏，耳朵、鼻子、嘴巴和鬃毛都被磨平了。显然，在克罗马农人眼中，这件雕刻品曾有过某种重要的作用或具有某种神奇的魔力。

意大利的帕格利奇遗址发现了用一块马骨雕刻出的一匹马的形象。经显微观察发现，这件器物曾被象征性地"杀死"过27次，因为在马的身上刻有27根带有羽毛的箭。

另一块在法国多尔多涅发现的鹿角残段，上面刻了一匹怀孕的马，以及长长的一排符号。这些符号从鹿角尖部向下排列，每排11个，而11正是马的妊娠月份数。

除了上述的这类独立的雕刻作品外，还有一类是属于装饰性的雕刻，常常位于工具的把柄部位。比如一些被称为"指挥棒"的骨制品，常常雕刻有各种动物的形象，如野牛、驯鹿和马等。有的骨片上刻有猛犸象的图案，形态非常逼真。

法国马达奇尔洞穴里发现过一件所谓的"投矛器"，用一块鹿的肩胛骨制成，它被按照自然形状雕刻成一头羚羊的形象，臀部上翘，回

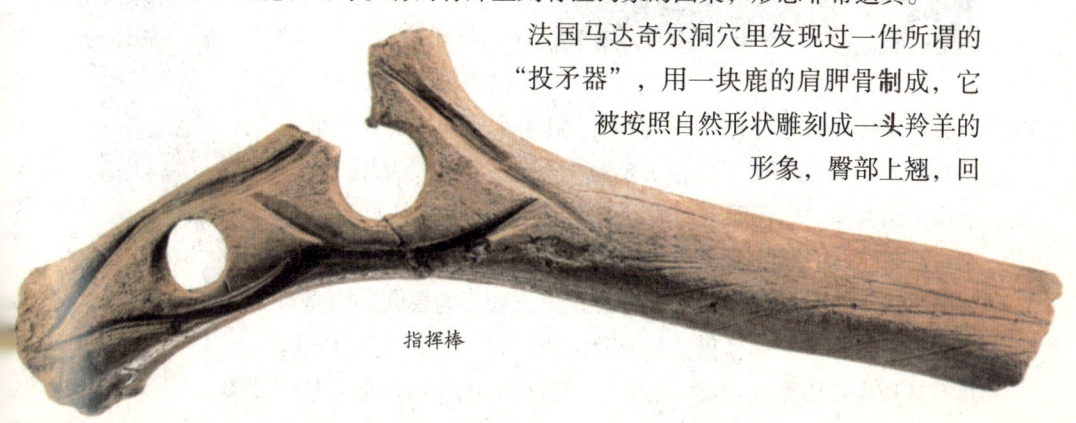

指挥棒

首顾盼。德国沃盖尔黑德洞穴中发现过一件牙雕的小马，长仅4.8厘米，很可能是随身携带的物品。

除了动物雕塑以外，裸体的女性雕像是非常引人注目的题材，她们常被称为史前的"维纳斯"。比如1908年在奥地利的威伦多夫发现的一件女性雕像，身高11厘米，用石灰岩刻成。人像无五官，头发梳理整齐，乳房硕大，臀部丰满，手臂很细，放在乳房上。在法国西部的格雷福特文化遗址中，发现过一些人和动物雕像。其中有一件刻有一个裸体的女子，乳房和臀部很大，左手放在腹部，右手拿了一件像是牛角的东西，俨然在举行某种宗教仪式。

野牛骨雕

在西欧莱斯普格发现的象牙女性雕像是一件非常有名的作品。她的头很小，呈椭圆形并微微向前倾斜，细小的双臂放在两个巨大无比的乳房上。臀部、腹部像乳房一样大得有点过分的夸张。女性雕像的双腿向下急剧变细，后部点缀着一条刻有竖纹的围裙，没有双脚。

此外，还有一些女性雕像呈侧跪的姿势。如法国发现的一件叫"西里瓦维纳斯"的雕像，臀部翘起，腰部夸张地拉长，腹部隆起，乳房小而圆，手臂短粗，像是对产妇形象的刻画。在俄罗斯也发现过这种女性雕像，这些雕像用猛犸象的臼齿雕刻而成，有表现夸张的乳房和臀部。

维纳斯雕刻

一些专家认为，这些女性雕像并不是艺术家灵感的表现，而是反映了当时人类社会的某种意识形态和行为模式。但是对于她们真正含义的解释仍然是一种推测，有的学者认为，她们具有某种生殖崇拜的含义，而有些学者认为这些雕像是对某些母系

狮首人像骨雕

野牛塑像

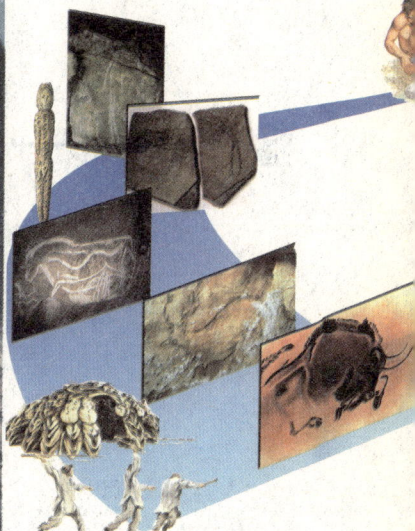
原始艺术的发展

氏族女性家长的描绘。

知识窗

冰河时代的可携艺术品包括几千件雕刻和用石、骨、鹿角和象牙雕刻的小型物件。虽然绝大多数可辨认的形象是动物，但是最著名的当属所谓的"维纳斯雕像"，比如奥地利维伦多夫的石灰岩维纳斯雕像，刻画的这些妇女雕像年龄和类型各不相同。欣赏这些艺术品可能不难，要能够仔细了解其代表的认知过程就困难得多。

拓展思考题

1. 人类从何时开始制作各种可携艺术品？
2. 为什么我们不能像现代艺术品那样来看待史前的绘画和雕刻？
3. 为什么我们无法完全理解这些史前艺术品？

墓葬和信仰——自我意识的肇始

> 人类大概在尼安德特人阶段有了自我意识,即具有了生命和死亡的概念,并出现了通过某种宗教仪式来控制自身命运的尝试。他们还出现了照料老者和残疾人的行为,表现出非常接近于现代人的思维方式。

人类自我意识的一个显著特点是意识到死亡的痛苦,这种感情在动物中有时也会体现出来。比如象群中的一个成员濒临死亡时,其他成员会竭力用它们的长牙扶持这头即将死亡的大象站起来。然而,只有人类能预知死亡的来临,为此而感到恐惧,进而不愿承认这一伤感的事实。这种感情可以从远古人类的墓葬中得到充分的了解。

1908年,在法国发现一处尼人的墓葬,死者被精心地安放在一个墓穴中,胸口放了一条野牛的腿,身边放满了动物的碎骨和石器。他生前很可能是一名勇敢的猎手。

1912年,在法国的费拉西发现了两处尼人的墓葬。这是两条挖出的沟槽,宽70厘米,深30厘米。沟槽向下挖到了红黄色的砾石层中,并填入了莫斯特文化层的黑色土。根据1914年公布的研究结果,这个岩棚下的墓葬很像是一处家庭的墓地,共发掘出6具尼人骨架,分别是一男一女、两个5岁以上的儿童以及两名婴儿。令人惊奇的是,在岩棚后部有一个缓坡,埋有一个儿童的头骨和躯体骨架。他身首异处,相隔近1米。头骨上覆盖了一块三角形的灰岩石板,石板下侧刻出了几个杯形的凹陷,可能有某种象征的意义。一位法国学者推测,这名儿童被野兽所杀后身首异

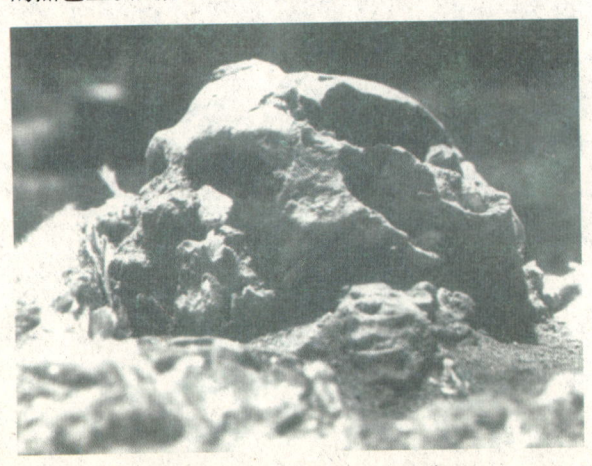

以色列沙尼达尔洞穴的尼人埋葬

处，所以在埋葬时将他的头埋在身体的上坡部位，希望儿童的来世能在头的下方找到自己的身躯。

20 世纪 30 年代初，在以色列卡麦尔山发现了轰动一时的尼人墓葬。在斯虎尔洞穴的入口处，5 个男子、2 个女子和 3 个儿童被埋在浅凹的墓穴中。他们的腿被紧紧地弯曲至臀部，一个四五十岁男子的手臂中抱了一个野猪的下颌骨。尼人墓葬中所见的身体弯曲姿势，被一些学者认为是模仿婴儿在母体子宫里的姿势，可能是希望死者再生的一种仪式或安排。

更加令人注目的是在伊拉克沙尼达尔洞穴中发现的尼人墓葬，在叠压的地层中共发现了 6 处墓葬。在洞穴的后部，距今年代大约为 6 万年的层位中，发现了一个头骨非常破碎的猎人的墓葬。考古学家在对骸骨附近的沉积物进行例行的花粉分析时，发现了惊人丰富的花粉，有的部位竟是成堆地密集分布。风力和鸟类显然不可能造成这样大量的花粉堆积。合理的解释是，尼人曾把用鲜花制成的花束或花圈放在死者的身上。花粉分析鉴定出许多色泽艳丽的花的品种，如风信子、矢车菊、蜀葵和千里光等，其中有些植物还被现代的伊拉克人用来制作治疗外伤的草药敷剂，不知远古的尼人是否也用这些草药来治疗伤痛？

中国迄今尚未发现尼人或早期智人阶段的人类墓葬。目前发现的最早的远古

尼人用鲜花埋葬死者

远古人类——我们是猿人后裔吗

山顶洞人的葬礼

人类墓葬是在周口店龙骨山山顶洞的山顶洞人墓葬。山顶洞的洞口和上室可能是当时人类的活动处，因为在那里发现了一些石器和一堆灰烬。在洞穴西北部的稍下处被称为下室，里面发现了3件完整的人头骨和一些体骨。人骨的周围撒有赤铁矿粉，是墓葬的可靠标志，因为赤铁矿粉的红色被远古人类视为血和生命的象征，在尸体上撒上这种红色粉末就可以有使生命再生的魔力。而这种习俗一直延续到新石器时代。

知识窗

随着人类社会的发展，葬俗也不断发展。从尼人墓葬到埃及金字塔和秦始皇陵都是当时社会、经济和文化的反映，也受当时宗教信仰的制约。因此，古代社会的葬俗和灵魂观是考古学探索最为困难和令人着迷的一个领域。

拓展思考题

1. 为何死亡意识是人类特有的自我意识？
2. 尼人的各种葬俗说明了他们已经具有了何种来世观念？
3. 为什么山顶洞人要在尸体上撒上赤铁矿粉？

探索篇

科学热点——我们是中国猿人的后裔吗

> 追溯民族的历史注注是爱国主义的情结,因此中国大地上历史极为悠久的中国猿人自然被视为我们的老祖宗,体现了源远流长的血脉和传统。然而,近年来遗传学和分子人类学的发展表明,古人类的进化像许多动物一样有许多分支和绝灭的物种。而且,今天世界上所有的现代人很可能来自10万年前走出非洲的一批现代人种。于是,中国猿人的祖先地位遭到了挑战。这个问题至今仍争论不休。

在中国猿人发现后相当长的时间里,猿人一直被公认为是人类最早的直系远祖,而中国猿人是中国人乃至所有亚洲人类的直系祖先。到20世纪上半叶,根据大量的出土化石,古人类学家将人类演化的历史划分为三个阶段,即"猿人阶段"、"古人阶段"和"新人阶段"。人类起源的时间大约在距今60万年以前,而亚洲也被认为是人类起源和演化的重要地区。

1959年利基夫妇在东非的发现改写了人类演化的历史。经过近20年的默默工作,他们在坦桑尼亚的奥杜威峡谷发现了"东非人"化石。第二年,利基夫妇的儿

人类进化图

子乔纳森在东非人地点附近发现了一具更像人的化石,被命名为"能人"。之后,东非一系列的重大发现确立了人类演化的早期阶段——南方古猿阶段,并将人类演化的时间提前到250万年之前。

1994~1995年,在埃塞俄比亚阿瓦什中部地区找到了比南猿更接近猿类。具有黑猩猩和人类混合特征的物种被命名为一新属新种"地猿始祖种",生存年代为距今440万年。而本世纪初发现的"千僖人"年代经测定在620万~560万年之前,要比地猿始祖种还早150万年。

20世纪80年代下半叶,美国分子人类学家根据对147名各大洲不同人种妇女胎盘细胞中的线粒体DNA分析,将所有现代人起源追溯

玛丽·利基与南猿脚印

到20万年前生活在非洲的一名妇女,被称为"夏娃"。夏娃的后代大约在13万年前开始走出非洲,扩散到世界各地,他们取代了各地的古人类,成为现代人的祖先。这一观点被称为"夏娃理论"或"走出非洲"的假设。"夏娃理论"将现代人起源和尼人起源放到了相同的时间表上,意味着尼人和现代人是平行进化的两条分支。而且,现代中国人也是非洲夏娃的后代,也就是说,我们现代中国人与中国猿人没有传承关系。

中国古人类学家和考古学家并未欣然认可这种观点,而相信一种多地区起源说。这种观点认为,世界各地的现代人

南猿行走复原图

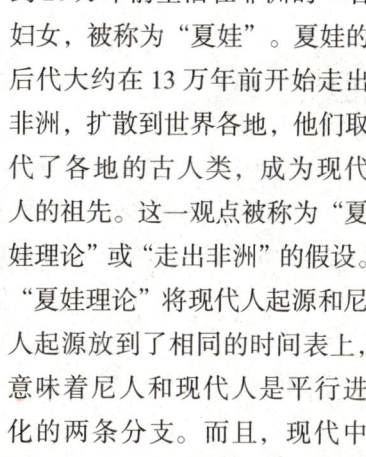

直立人、早期智人和晚期智人的头骨

都是从当地的直立人或猿人进化而来，其间有少量的基因交流。证据是，中国发现的古人类化石不但在形态上、而且在时空分布上都显示出进化上的连续性，而且中国的旧石器文化也显示出传统的延续，缺乏人口替代经常伴随发生的外来进步文化的取代。看来，中国猿人是否是我们的直系祖先还需要科学家更为艰苦的工作。我们希望，这一问题不久将在遗传学家和古人类学家共同努力下得到圆满的解决。

知识窗

线粒体是人体细胞质内生产能量的物质，线粒体DNA的遗传物质只通过母系传承，所以可以用它的突变速率来追溯母系传承的世系和时间。根据线粒体DNA分析，现代中国人的祖先大约在6万到4万年前从非洲出发向东经印度洋，取道东南亚进入中国华南地区。而Y染色体则可追溯父系的世系，根据Y染色体变异速率的推算，晚期智人进入东南亚的时间大约在距今6万－1.8万年前，紧接着开始了向北方的迁徙过程。与此同时，另有一批晚期智人群体从东南亚开始向南迁徙，进入马来西亚和印尼并到达太平洋群岛。为此，对Y染色体分析的结果与线粒体DNA的证据基本吻合。

拓展思考题

1. 利基家庭为人类起源研究做出了怎样的贡献？
2. 利用什么样的技术，我们能够知道人类演化的遗传关系？
3. 对于现代人进化存在哪两种不同的观点？你觉得哪一种说法更符合科学事实？

最早的美洲人——他们是从亚洲来的吗

众所周知,最早发现新大陆的人是意大利籍的西班牙航海家克里斯多弗·哥伦布。1492年10月12日,他的船队抵达巴哈马群岛中的一个岛屿。但是,这个大陆并非是无人区,而是早有印第安土著居住。因为美洲大陆与亚洲有白令海峡隔断,于是这些土著从何而来成了当时大家讨论的问题。

在光秃秃的、一望无际的冻土苔原上,有一群古铜肤色、黑眼珠、高颧骨、直发披肩的男女老少在匆匆赶路。他们越过了几万年后被称为白令陆桥的地带,到达了今天加拿大育空省北部叫做老鸦盆地的地方。这是一个完全陌生的世界,是生活着几十种冰期大动物的伊甸园,他们驻扎下来,开始捕猎这些大兽……

1966年,融化的雪水冲开了这里的地层,把无数碎骨搬上了河滩。它们引来了大批考古学家,经大规模发掘找到了许多骨制品,年代测定表明它们已有27000年之久了。人们还找到了几块家犬的颌骨,约30000年历史,比当时世界上所知最早的家犬驯化记录要早20000年。极地古人类学家莫兰声称,"有些来自地层中的东西年代可能达60000年"。这就给人们提出了一个问题,他们是不是最早美洲人的遗物呢?

克洛维斯人

追踪最早美洲人的工作很早之前就开始进行了。20世纪30年代,在新墨西哥州克洛维斯附近发现了许多屠宰猛犸象、野牛和野马的地点,在骸骨中常常发现猎人们遗弃的石制矛头——基部带有凹槽的尖状器,它们被称为最早的美洲人的专利品。考古学上把生活在这里的古人类叫做克洛维斯人,把它们使用的尖状器称为克洛维斯尖状器。克洛维斯人大约生活在12000年前,在北美西部已发现了1000多个克洛维斯人遗址。与此同时,与克洛维斯尖状器相仿的武器也在中美和南美的许多地方发现。此后,考古学家北起白令海峡,南抵火地岛,开始了全面搜索早期美洲人的工作。

克洛维斯尖状器

古印第安人在狩猎野牛

有争议的发现

有些专家认为，人类到达美洲大约在3万年之前，大约是威斯康星冰期的早中期，甚至在桑加蒙间冰期已可能有人涉足新大陆了。对这一说法至今仍有争议。赞成这一说法的专家的理由主要建立在下面的考古发现中。

在得克萨斯州东北的莱维斯维尔，在一个埋有野牛、西猯、猛犸、雕齿兽、骆驼骨化石的灰坑中发现了一件砍斫器、一件石锤和一件刮削器，年代测定为距今38000年。得克萨斯州中部弗拉塞汉洞穴中，发现了大量威斯康星冰期的动物骨骼化石和一些骨器。加利福尼亚沿海桑达罗萨岛上，与一种矮个猛犸化石一起，科学家找到了烧骨和打制石器，年代测定为3万年前。

内华达州南部的土勒斯伯灵遗址发现了一件石英岩刮削器、两件骨制尖状器、一件黑曜石片和许多猛犸象、骆驼、地獭的骨骼化石。它们埋藏在湖相沉积的一片含有碳屑的黑色透镜体中，碳–14年代测定为距今23800年。此外在加利福尼亚州、怀俄明州和亚利桑那州，也有据说相当古老的材料发现。

惊人的迁徙和捕猎

在南美发现的文化材料也令人惊奇的古老。秘鲁高原庇基玛查附近的弗利洞穴中发现了地獭、骆驼、野马和鹿类的化石，以及打制粗糙的石器，表明可能在14000年前已有人在此生活。

古印第安人的矛头

用各种矛头狩猎猛犸象

委内瑞拉卡里滨海岸旁的一个地方，出土了四具象化石，其中一头象的骨盆腔里有一件两面尖状器，显然是刺入大象致命部位的武器，碳-14年代测定为距今13000年。在南美南端阿根廷罗斯多尔多斯洞穴中，在12600年前已有人居住，他们制作鱼尾状的开槽尖状器，猎取骆驼和野马，并豢养家犬。他们大约在10500年前到达了火地岛。

早期美洲人的迁徙速度和捕杀大兽的能力十分惊人。考古学家估计，这些猎人平均每年迁徙16千米。而这些美洲人所到之处，猛犸象、野牛、地獭等动物纷纷绝迹，无怪一些学者叹道："人猛于虎也！"

几个问题

早期美洲人来自亚洲已无人非议。但是从这批美洲人所携带的工具来看，亚洲东北部却没有发现像克洛维斯尖状器这样的东西，因此就在文化的继承关系上出现了问题。

美国学者查特认为这类特殊的矛头是美洲人自己发明的，而许多考古学家则不以为然。华明顿认为，最早美洲人的原籍可能在西伯利亚西南的阿尔泰山地区，他们拥有出色的石叶打制技术，先到达贝加尔湖，然后北抵勒那河口，再向东迁徙到美洲。另一位学者威尔姆逊进一步证实，在阿拉斯加和育空北部发现的一些石器，显示了莫斯特－勒瓦娄哇的打制技术。

但这种说法同样也存在问题。在气候上，西伯利亚是一个难以居住的地方，特别是在冰期气候中。虽然这片地区没有冰盖，但一些专家认为2万年前人类不可能在这里居留。北美的大陆冰川同时也是令人望而生畏的障碍，它从太平洋横亘至大西洋，厚度可达3千米。有时，在落基山脉东坡会出现一条荒凉的无冰走廊，但是要纵穿这条长1600千米、宽80～160千米，冰墙壁立、朔风怒号的走廊，对于几万年前的人类无疑是严峻的考验。

几种看法

关于人类到达美洲的时间，科学家大致有三种意见：一种是晚期到达，以亚利桑那大学海尼斯博士为代表，他认为人类是在12000年前抵达美洲的，并对克洛维斯文化以前的文化表示怀疑；第二种是中期到达，认为人类在3万年之前已到达了北美，以育空北部的老鸦盆地的发现为证据；还有一种就是早期到达的意见，以阿尔伯达大学的布雷恩博士为代表，根据是加州桑达罗萨岛上4万年前的灰坑，以及阿尔伯达泰伯附近发现的"泰伯幼童"头骨，这件头骨据说有5万年历史。

知识窗

西伯利亚和北极圈在今天仍是一块难以居住的地方，在第四纪冰期阶段环境则更加严酷。因此，在我们考虑人类征服新大陆时，不得不考虑古人类的适应能力。贾兰坡先生曾提到，越过白令陆桥的人类，必须具备三个条件：人工取火、缝制衣服、构筑房舍，这是极地生活最起码的条件。亚洲人是否在五六万年前已具备了这三项能力，从今天的考古发现来看证据尚显不足，因此，在追踪最早的美洲人的同时，也应当在亚洲特别在东北亚寻找早期美洲人的祖先。

拓展思考题

1. 为什么说美洲的印第安人祖先来自亚洲？他们大约是在何时到达新大陆的？
2. 美洲古印第安人是如何生活的？他们使用什么样的武器？
3. 早期人类向美洲的迁徙有几次浪潮？各发生在什么时候？

夏娃理论——中国人来自非洲吗

在《科学热点——我们是中国猿人的后裔吗》一节中，我们谈到了中国人起源的问题。这里介绍一下美国和中国遗传学家在分子人类学方面的研究成果，以及我国古人类学家根据化石证据提出的不同看法，以便大家对这个问题有更详细的了解。

在一篇题为"中国各人群的遗传关系"的论文中，中国遗传学家宣布，根据他们的最新分析，我们现代中国人的祖先大约在五六万年前来自非洲。这意味着，原来考古学界与古人类学界所公认的现代中国人自元谋猿人和中国猿人进化而来的传统观点遇到了挑战，而这一挑战来自生命科学探索的最新领域——分子人类学。

1987年，英国《自然》杂志第一期刊登了美国加州大学伯克利分校3位分子人类学家的题为"线粒体DNA与人类进化"的文章。他们根据对147名世界各大洲妇女胎盘细胞中线粒体DNA的分析，认定可以将所有现代人种最后追溯到大约20万年前生活在非洲的一名妇女，她是今天全人类的共同"祖母"，这就是著名的人类起源"夏娃理论"。这一理论的核心是：1.具有现代人特征的人类最早出现于非洲；2.这批现代人向世界各地扩散取代了各地的猿人或尼人；3.来自非洲的现代人祖先没有和当地人类发生融合或基因交流。

线粒体DNA测定的原理是：线粒体DNA集中在细胞质内，生产细胞所需的能量，并只通过母亲传递。由于线粒体DNA只会经突变发生变化而不受父系的影响，所以它显示的突变速率可以作为一种尺度来追溯母系遗传关系和测算人群的谱系关系及分离时间。中国遗传学家的结论可以看做是夏娃理论在中国的演绎。

但是，线粒体DNA的测定也并不全无问题。比如，日本遗传学家就对这种测定方法持批评态度。一位日

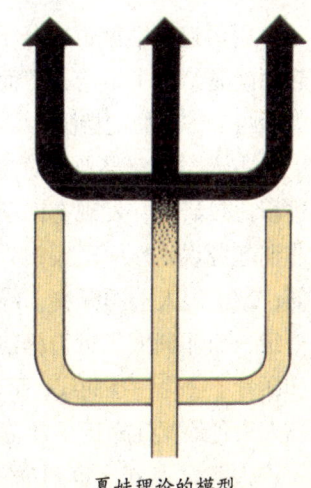

夏娃理论的模型

本遗传学家对人类和黑猩猩进行线粒体DNA测定,结果得出人和猿在80万年前分化的荒谬结果。而一位美国科学家对世界各人种的700例血样进行线粒体DNA测定,得出了现代人起源于东南亚的结果。

走出非洲的想象图

中国人的起源问题

中国遗传学家也用分子人类学的理论对中国人的起源问题给出了结论,然而这一结论是否能得到古人类学与考古学的支持呢?

古人类学家吴新智对现代中国人与非洲人的头骨进行比较研究,发现有四项重要特征难以支持中国人非洲起源说:1.中国人额骨最隆突部位明显比非洲人低;2.中国人上颌颧突下缘与上颌体交接位置远离齿槽缘,而非洲人靠近齿槽缘;3.中国人上颌颧突下缘和颧骨下缘为一条曲线,而非洲人几乎成一直线;4.非洲人头骨最宽处靠近颅骨后端,中国人根本无此现象。

人类学家刘武也列举了12项化石特征的差异质

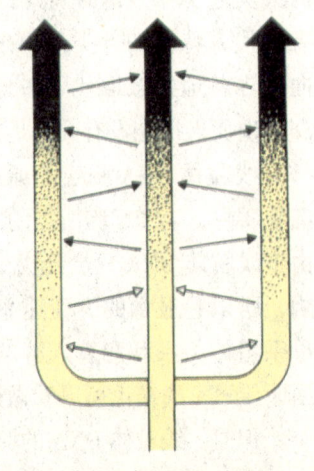

多地区起源说的模型

疑中国人非洲起源说，其中最突出的4项特征是：1. 矢状脊。中国化石人类显示了早晚一致的稳定性，其形态特征与非洲古人类化石不同。2. 印加骨。只见于中国古人类化石与黄种人，而不见于欧洲与非洲各阶段人类。3. 铲形门齿在元谋人化石上已出现，并在亚洲人中比例高达73.5%，而非洲人中仅占7.3%。4. 第三臼齿或智齿先天缺失在蓝田人和柳江人化石上已存在，东亚人类这一特征占

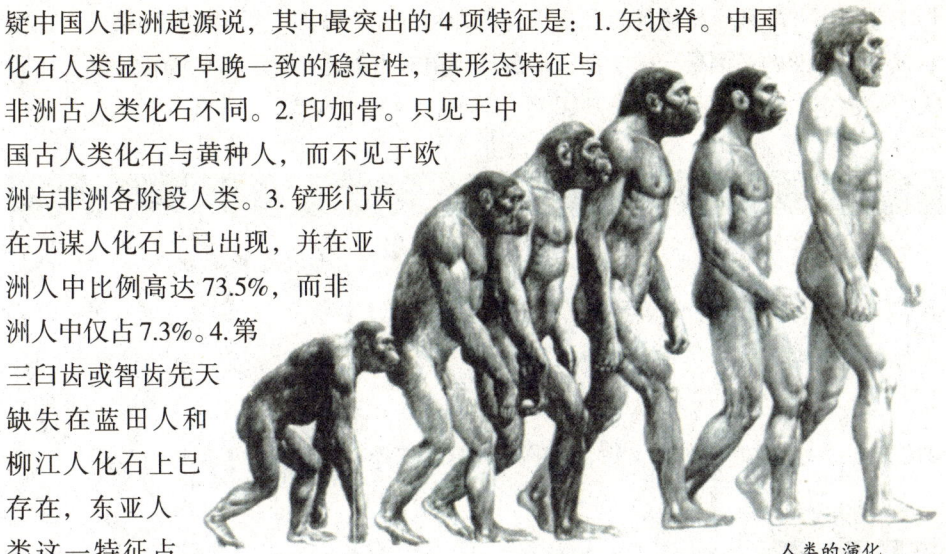

人类的演化

46.7%，而非洲人仅为8.0%。由于牙齿是人类体质特征中最不易变化的部分，如果中国人与非洲人是非常近的堂兄弟，决不可能在6万年内形成如此显著的差异。

从考古证据分析，如果现代中国人的祖先在几万年前来自非洲与近东，那么他们应当是体质与文化上更为进步的人群。欧洲与近东旧石器文化显示了一种软锤石叶技术取代石片技术的转变，但是整个东亚旧石器文化完全不存在这种取代性转变。大约在3万年前出现于华北的细石叶技术，在工艺与器物形制上也与近东的石叶技术不同。相反，华北与华南在整个更新世阶段的旧石器文化表现为一种连续的、历时变化不明显的特点，石器技术和类型与非洲和近东差异明显。

文化人类学的质疑

如果说，现代中国人的祖先不是本地古人类，而且这一过程表现为取代而非融合，那么就需要解释亚洲原来的居民到哪里去了。

文化人类学的人口迁徙模式有两种，一种是向无人区的扩散，如更新世末蒙古人种越过白令陆桥到达美洲。这种迁徙因为新大陆没有人类，可以以很快的速度推进。古印第安人大约在距今20000年前进入阿拉斯加，在11000年前已抵达火地岛。但是，人群迁徙要越过已有人栖居的区域，情况就完全不同了。人类学家认为一般外来者很难越过并占领已被人居住的土地，特别是一种人口的完全置换。这要求当地土著居民在外来人群移入过程中被完全消灭，不发生任何基因交流。但这种人群迁徙模式仍然难以令人置信。欧洲殖民者占据美洲，使印第安人数量锐减90%以上，

但主要原因并非死于枪炮而是死于天花。即使如此，欧洲人仍未消灭印第安人，而且发生了广泛的基因融合。史前人群的迁徙更有可能是小股人群的随机移动，而非大规模的定向征服与蚕食。

知识窗

分子人类学是20世纪80年代末兴起的一个前沿科技探索新领域，它给生物学、人类学和考古学带来了一场革命，它的潜力是无可限量的。这一方法在尼人进化研究上已取得了突破性进展，中国的古人类学与考古学也面临着前所未有的冲击。不管怎样，对现代中国人的起源以及中国各民族的渊源和关系问题的研究不应受到民族感情或历史延续观念的左右，我们应当站在更高的起点，带着更广的视角来研究我们的过去。

拓展思考题

1. 什么叫夏娃理论？它的依据和理由是什么？
2. 什么叫多地区起源说？它的依据和理由是什么？
3. 我们研究自身的起源应该持什么样的心态和立场？

印第安人——最早的美洲人

> 美洲是地球上最后被人类栖居的一个大陆。由于独特的地理位置，使它在漫长的地质时代里经常处于与其他大陆隔绝的状态。美洲没有高等的灵长类动物，考古工作者也没有在那里发现过早于晚期智人的人类化石，因此美洲的土著是来自旧大陆的移民。

发现新大陆之谜

1492 年，生活在西班牙的意大利航海家哥伦布的船队抵达巴哈马群岛，但他认为自己到了印度，所以，美洲的土著居民一直被称为印第安人，而哥伦布被誉为是第一个发现新大陆的人。但是，长期以来，对谁首先发现了新大陆人们仍有争议。历史学家指出，在哥伦布发现美洲之前，已有北欧的海盗频繁光顾过格陵兰，但是他们并没有在那里留下永久性的居所。

有美国学者认为，他们有证据表明，挪威的海员大约在 1000 年前，也就是早哥伦布 500 年到过美洲，并在大西洋的西岸留下了他们的遗迹。中国学者邓拓在他的《燕山夜话》中谈到，一个名叫慧深的和尚可能早哥伦布 1000 年到过美洲，因为在他的书中提到过很像是墨西哥的地方，他所描述的一种被称为扶桑的植物很像是中美洲的龙舌兰。

认为在哥伦布之前美洲已被发现过的说法还有很多。比如，有美国人提出，在加利福尼亚沿海发现的石锚是用太平洋西岸的花岗岩制作的，所以它们很可能是早期航海来到美洲的中国人留下的。有的美国人还推测，发现在美国西部的 2200 年前的迦泰基金币和古罗马时代的货币是古代航海家造访过美洲的证据。

对美洲各地不同群组的印第安人的研究表明，他们之间的血缘关系很近，而且与亚洲的蒙古人种，即黄种人关系密切。比如，血型中 B 型血比例高、头发黑而直、肤色黄、颧骨高、门齿呈铲形等等。于是，这样一个事实已确认无疑，即在美洲没有经历过从猿到人的演化，美洲印第安人是从亚洲迁徙过去的。但是，最早到达美洲的印第安人是谁？他们是在什么时候、通过什么途径到达美洲，并迅速扩展到整个新大陆的？其中仍有许多难解之谜。

环境气候之谜

白令陆桥与移居新大陆

目前一般认为，亚洲人向美洲的迁徙取道于白令海峡，对于这点人们并没有多大的疑义。对白令海峡地区的研究表明，在第四纪冰期的高峰时期，由于大量的水分以冰雪形态堆积在陆地上，海平面下降的幅度可达 100 米以上。白令海峡最深处仅 74 米，而且海峡的底部平坦，因此，白令海峡地区在冰川高峰期会形成一片面积达 2000 平方千米的次大陆，被称为白令吉亚。当时它和北美的阿拉斯加连成一片，成为西伯利亚的一部分，各种极地动物能在这块大陆上畅通无阻，因此，人类在这段时间里通过这条陆桥是没有问题的。

但是，问题在于，在第四纪的大部分时间里，西伯利亚是一片难以居住的地方，在冰期中更是如此。据考古资料可知，两三万年前西伯利亚鲜有人类的踪迹。严酷的气候使进入这块广阔处女地的人们只能作短暂的停留，并在寒冬到来之前尽快离开。因此，要在冰期阶段生存在西伯利亚并越过白令海峡，决不是一件容易的事。

还有，在冰期阶段，北美北部除了阿拉斯加以外，大部分都被大陆冰川所覆盖。位于西部落基山脉的叫科迪勒拉冰盖，位于东部平原的叫劳伦泰冰盖，两大冰盖构成了第四纪冰期地球上最大的大陆冰川。它们横贯整个北美，向南延伸 1600 多千米到达北纬 40 度的地方，这样大的冰盖对人类几乎是一个不可逾越的障碍。但是，人类确实在 2 万年前到达了北美冰盖的南部，那么他们究竟是怎样克服这道屏障

古印第安文化的投射尖状器

而到达那里的呢？

古印第安文化之谜

被发现的古印第安人化石和对土著美洲人的活体研究表明，他们与亚洲的蒙古人种有密切的关系，因此可以肯定，他们的祖先是生活在亚洲的居民。但是，旧石器考古学的发现表明，古印第安文化与亚洲的古文化差异很大。在两三万年前，中国华北和东北的旧石器文化是主要以刮削器、尖状器和砍斫器为特征的石片传统文化；而美洲的古印第安文化，则以两面加工的投射尖状器为主要特征，这类尖状器在亚洲很少发现。从这些投射尖状器来看，它们在美洲一出现，技术就非常娴熟，类型也比较稳定，不像是在当地起源发展而成的。然而，在亚洲也未发现这类工具演化初级阶段的产品。

从工艺上看，它们与欧洲旧石器时代晚期的梭鲁特叶形尖状器技术有点相似。但是，梭鲁特尖状器分布的时间不长，范围不广，在亚洲也没有发现它传播的迹象。因此，这种技术与美洲的投射尖状器之间存在难以填补的分布缺环。这样，古印第安人的化石和他们的文化之间产生了矛盾，古印第安文化的来龙去脉成了一个难解之谜。

谜底之浅释

最早到达美洲的古印第安人是一小股一小股的狩猎人群，他们是一些比较适于高寒地区生活的猎人，生活方式很像是今天的爱斯基摩人，以极地的动物为食物来源。在极地附近，是一片一望无际的冻土苔原，除了用来制作工具的石头以外，他们的所有生活用品都来自猎取的大动物，这些动物包括猛犸象、野牛和驯鹿等。由于他们的生计与这些动物息息相关，所以不得不随动物的迁徙而经常变换自己的营地。

这些猎人是熟练的用火者，会用兽皮缝制衣服和建造简陋的小屋，这三个条件是在极地生活的必备条件。否则，他们在严酷的气候中是无法生存的。这些猎人中，有一部分可能最初在西亚活动，他们的文化受了欧洲旧石器时代中晚期文化的影响，初步具备了制作桂叶形尖状器的技术，然后他们穿越西伯利亚和蒙古，进入了阿尔丹河流域，他们在那里以猎取猛犸象、披毛犀和驯鹿为生，其中一些部落向东北方向扩散，随着大兽的踪迹而越过白令陆桥到达阿拉斯加。

但是，进入美洲腹地还有一道难以逾越的冰盖。他们发现，在气候稍暖时，两大冰盖之间的落基山脉东坡会出现一条宽度几十千米的冰雪走廊。这是一片令人毛骨悚然的地方，冰墙壁立，寒风吼叫，大雪纷飞，迷雾不散。偶然有一批猎人进入这一条走廊，尾随动物向南追踪而去，最后到达美洲的腹地。

另一条可能的迁徙路线是美洲西北部的海岸线，由于受日本海暖流的影响，北美西北沿海的温度要比内陆来得高。即使在今天，当加拿大许多地方还是千里冰封的冬天时，太平洋沿岸的温哥华仍然十分温暖。所以，早期的猎人很可能取道沿海的路线，向南前进。

美国亚利桑那州立大学的体质人类学家特纳，在比较了大约6000枚东亚人、东南亚人和美洲印第安人的牙齿后，认为亚洲向美洲的史前迁移浪潮可能有3次。

古印第安人在狩猎

特纳发现，蒙古人种的牙齿特点可以分为两大类，一类叫中国型齿，一类叫巽他型齿。中国型齿的人群包括中国人、蒙古人、日本人、北美爱斯基摩人和所有的美洲印第安人，而巽他型齿的人群包括泰国人、马来－爪哇人、波里尼西亚人、日本绳纹人和北海道及萨哈林岛的虾夷人。由于牙齿的遗传特征与人类的其他体质特征相比，受自然选择的影响较小，而且它们的演变非常缓慢，所以是用于判断人类种群相当有效的指示标志。

特纳根据牙齿特征的比较发现，亚洲人群最早的一次迁徙大约发生在2万年前，他们可能来自东西伯利亚的勒那河流域，是今天美洲印第安人的祖先。第二次向美洲的迁徙发生在大约1万年前，这批先民来自贝加尔湖和黑龙江地区，是今天爱斯基摩人的祖先。在阿拉斯加和北美西北部发现的一种叫细石叶的加工技术，与华北、西伯利亚和日本的同类工具非常相似。除了这两次迁徙浪潮之外，特纳还发现一次纳迪尼人群的迁徙，这批人来自西伯利亚东部森林地区的阿尔丹河流域，装备有先进的弓箭和投枪。他们到达美洲后，成为西北部沿海区森林地带的土著居民。

北美是猛犸象、野牛和驯鹿的乐园，当然也成了古印第安人猎手施展本领的

史前人类的生计

广阔天地。他们用细质的岩石制作成各种精美的尖状器,作为投掷用的长枪矛头。这些石枪头用压制法加工,锋利而匀称,是令人叹为观止的精品。有的矛头还在两面开出血槽,是猎杀大兽的有效武器,在考古中有时还能找到留在动物骨骸里的这种矛头。这些猎人尾随大兽的足迹,扩散到美洲各地,成为当地的土著居民。

大约到1万年前,冰期结束,海平面上升。在8000年前,白令陆桥被水淹没,亚洲、美洲又被海峡隔开。

知识窗

目前认为,亚洲人向美洲的迁徙取道白令海峡。在晴朗的日子里,亚洲和阿拉斯加可以隔海相望。白令海峡海底平坦,最深处只有74米。在最后盛冰期阶段海洋中的水分以冰盖形式堆积在大陆上,形成了巨大的大陆冰川,而海平面最多下降了100米,所以白令海峡大部分都出露水面,形成了一片面积大约两千平方千米的次大陆——白令吉亚。它与阿拉斯加一起成为亚洲大陆的一部分,各种动物包括人类可以在这片大陆上自由来去。

拓展思考题

1. 为什么哥伦布不是最早发现新大陆的人?
2. 为什么人类能够从亚洲向美洲迁徙?当时的气候环境是怎样的?
3. 判断美洲土著来自亚洲的体质人类学证据是什么?

一支绝灭的人类——尼安德特人

1997年,德国的一批科学家向世界宣布了一个惊人的发现,他们从一件距今约7万~6万年的尼安德特人化石中提取DNA,并与现代人的DNA进行对比,显示尼安德特人是人类进化中绝灭的旁支,而不是我们一直认为的现代人的直系祖先。这一突破使考古学家和古人类学家深为鼓舞,媒体形容这一发现可与人类登陆火星相媲美,这一成果与克隆羊一起被列为1997年世界十大科技新闻。

尼安德特人

1857年,采石工人在德国杜塞尔多夫河畔一个叫尼安德特的峡谷爆炸采石时,在一个洞穴中发现了类似于人类的头骨和肢骨,这就是后来被称为尼安德特人(简称尼人)的古人类第一例化石。这具人骨十分粗硕,前额低平,眉脊很粗壮。当时人们对于自身的起源和进化尚不清楚,因此对这具化石的鉴定出现了很大的争议。解剖学家沙夫豪森认为尼人是欧洲早期居民最古老的代表,而病理学家微耳和则认为这是一件白痴的头骨。

后来,随着更多尼人化石的被发现,古人类学界大致上弄清了这批古人类的面貌。西欧的尼人主要生活在20万~3.5万年前,

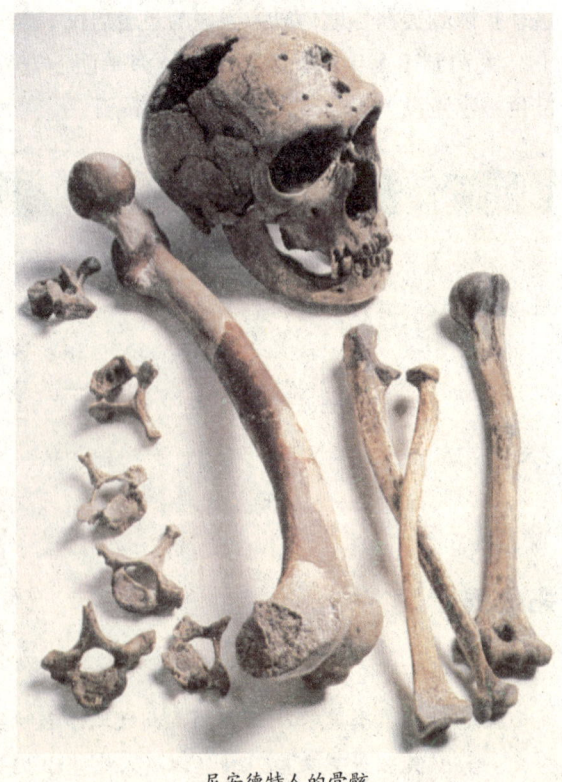

尼安德特人的骨骸

他们头骨粗壮,前额低平,头颅长,下巴颏后缩,仍然具有猿类的一些特征。他们身高约1.5米,结实,胸宽圆,四肢粗壮,肌肉极为发达,常被称为"典型尼人"。近东发现的尼人化石略有不同,较高较瘦,没有典型尼人那么粗硕,常被称为"进步尼人"。

对于人类的进化,科学界长期以来持一种"直线进化"的观点,即人类的演化轨迹为:能人—直立人(又称猿人)—早期智人(又称尼人)—晚期智人(又称克罗马农人)—现代人。虽然日益增多的考古发现补充了人类进化中的缺环,但是,新的发现也显露出许多令人迷惑的疑点。问题先出在欧洲,化石证据表明,西欧典型尼人一直生存到距今3.5万~3.3万年前,然而具有现代人特征的晚期智人,也就是克罗马农人,在3万年前已出现在欧洲,人类不大可能在短短的几千年内完成如此突然的进化。因此,欧洲考古学界不少人怀疑,欧洲的晚期智人并非直接从当地的尼人演化而来。

尼人复原图

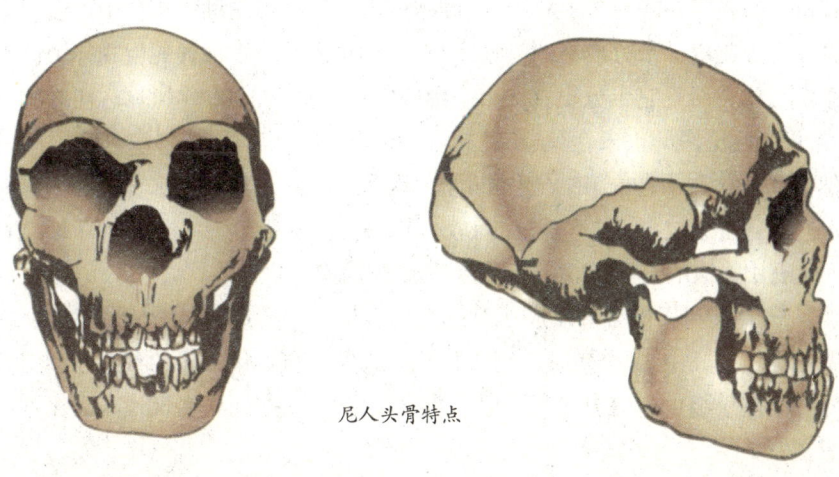

尼人头骨特点

更加意外的发现是在中东，从以色列卡夫泽洞穴中发现的一件完整的晚期智人头骨经热释光测定为距今 92000 年。而离卡夫泽洞穴不远的另一洞穴坎巴拉出土的尼人化石经测定距今只有 6 万～5.5 万年，几乎比卡夫泽洞穴的头骨晚了 3 万年！这说明，尼人与比他们

尼人头骨复原图

更进步的晚期智人曾经共存于地球之上，于是，古人类学家怀疑尼人很可能是人类进化中的一支绝灭的旁支。

分子人类学的探索

20 世纪 90 年代以来分子生物学和分子人类学的进展，使科学家们希望能从古人类的遗传关系上来搞清这一人类进化之谜。于是，德国保存 1857 年发现的第一具尼人化石的莱茵汉斯博物馆的考古学家乔奇姆和古生物学家施密兹组织了一个研究小组，试图用新的方法对这具在 100 多年前发现的尼人化石进行研究。他们与慕尼黑大学的古 DNA 专家帕伯联系，询问了有关提取古 DNA 的事宜。在广泛研讨了各种骨骼的保存状态之后，他们将一件尼人的肢骨送到了帕伯的实验室。

帕伯决定寻找线粒体 DNA，近年来它已成为分析物种以及人口之间演化关系的突破口。这是因为线粒体 DNA 只从母体传承，其序列在世代相传中不会轻易变化，除非发生突变。十分凑巧的是，线粒体 DNA 也是死亡很久的生物体上能够仅存的遗传物质，而且它十分丰富，每个细胞中有 500～1000 份拷贝，而细胞核中的 DNA 只有两份拷贝。

然而，从化石中提取 DNA 困难重重，因为动物死亡后，在水、氧和细菌的侵蚀下，DNA 含量会减少，绝大部分的 DNA 在 10 万～5 万年后基本完全消失。所以，从尼人化石中提取的 DNA 样本是破损十分严重的零乱残存物。

帕伯实验室利用聚合酶反应，对尼人化石样本中的线粒体 DNA 序列的 27 个部分做了扩增。其中 12 个表现出尼人特有的式样，与现代人类的参考序列有很大的差异。研究小组由此得出结论，尼人的线粒体 DNA 序列处在现代人类序列的变异范围之外。

不久之前，莱比锡的进化人类学研究所尼人基因组项目根据克罗地亚某洞穴出土的尼人骨骼，从0.3克样本中得到了4.8Gb的DNA数据，并从中获得了8341线粒体序列。发表的尼人完整的基因组序列表明，尼人和现代人大约在44万~27万年前与现代人分离，而且发现尼人并没有像以前想象的与现代人没有任何基因交流。尼人对现代人大约有百分之一到四的遗传学贡献。

知识窗

这一分子生物学的进展对于人类用古DNA来复活绝灭动物或古人类的梦想也有所启发。但像电影《侏罗纪公园》所设想的从恐龙化石提取DNA来复制活恐龙肯定是不可能的，因为DNA保存的时间无法超过10万年，生活在6700万年前的恐龙的化石中已无活性的DNA可以提取。复活绝灭动物的关键是要提取细胞核DNA，但是化石中细胞核DNA很少，保存更为困难。看来人类用DNA来复活一些古老的绝灭动物的梦想，只能留给电影制作商去完成了。

拓展思考题

1. 尼人的体质特征与我们有什么不同？他与直立人相比有哪些进步？
2. 尼人与晚期智人的关系如何？我们是如何探知这一情况的？
3. 为什么电影《侏罗纪公园》里恐龙复活的场景不可能在古生物与古人类身上重现？

人类未来的演化——祸兮福兮

人类和所有物种一样是物竞天择的产物。然而，由于人类有别与其他生物的文化适应和创造力，使得自然选择的机制在人类的身上逐渐失效。早在 20 世纪 80 年代就有人预言，在 5000 万年之后，人类将在地球上灭绝。人类虽然占据了统治地位，但是已经不遵循自然演化的规律。现在的人类不是进化，而是退化。

人类能够成为万物之灵，完全仰仗自然选择的力量。正是这种无形的力量，通过生态环境的作用将人类引领上一条与其他动物完全不同的演化道路。当更新世的冰期不断调节地球上的生态环境时，猩猩、大猩猩和黑猩猩这些类人猿龟缩在环境变化并不剧烈的热带森林中，错过了一次次演化的良机，特化成一批只能存活在特殊生境中的群体。今天，在人类活动的影响下，这些类人猿生存的环境正在发生毁灭性的变化，它们的未来前途未卜。

人类自身的演化历程也充满了艰险，自然选择这把利刃无时无刻不在发挥着主导作用。大约 500 万年前，南猿在地球上出现的时候，它们是一批相貌特征与黑猩猩相差不大的类群。至少在 300 万年前，自然选择已将南猿一分为二。一支是粗壮型南猿，长有硕大的牙齿和颌骨；一支是纤细型南猿，骨骼较为轻巧。这一分化明显是对不同生境和不同食谱的适应，前者是素食者，而后者是更为灵巧的杂食者。选择的天平向纤细型南猿倾

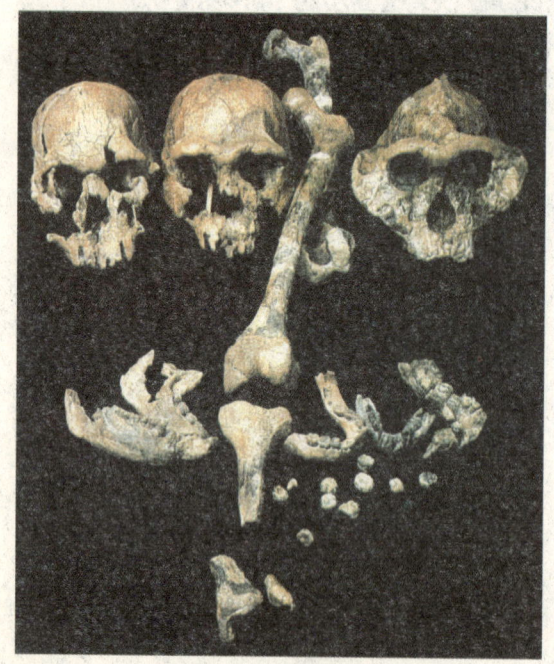

曾经一起共生的能人、粗壮南猿和直立人

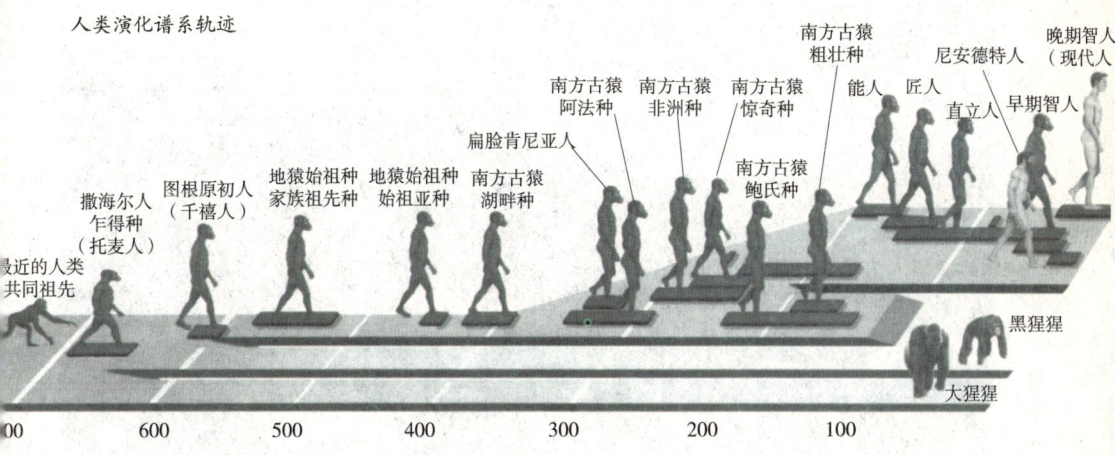

人类演化谱系轨迹

斜，能人从中脱颖而出，成为最早的人属成员，其后是直立人。后者大约在200万年前出现，他们的足迹迅速扩散到中东、欧洲和亚洲。在人类演化的这段历程中，粗壮型南猿仍然生存在非洲，但是它们已经在自然选择中落败。大约100万年前，在和直立人并存了大约100万年后，粗壮型南猿退出了历史舞台。

今天全球变暖，冰川消失

滥伐森林，环境巨变

失落的文明——马丘比丘

当直立人扩散到旧大陆不久，尼安德特人在欧洲和近东出现了。由于地球上大冰期的来临，尼人的生境很像是北极的爱斯基摩人。对寒冷气候的特殊适应，使尼人演化出粗短身材和极为强悍的体格。他们制作精致的石器工具，会用兽皮制作衣服，照料残疾人，用鲜花悼念和埋葬死者，用兽骨制作骨笛，并有某种宗教信仰。然而，尼人也没有能避开天择的利刃，大约在35000年前，尼人灭绝。从非洲来的晚期智人取而代之，这些被称为克罗马农人的现代人，身高可达一米八，智力和体格上比尼人更胜一筹。

当现代智人开始席卷全球之时，一个重大变化发生了，这就是人类体质演化减缓，文化演化加速。从35000年前开始，人类文化的演化已经不再需要遗传的改变和体质的适应。"对于人类，进化已经结束。"今天，大部分出生的婴儿都可以活到生育的年龄，将自己的基因传给下一代，自然选择的力量已大为减弱。有人担心，多种有害的突变会存活和积累，遗传物质退化，人类将被从内部被逐渐摧毁。

我们现在所处的自然环境和我们祖先的相比被剧烈简化了。非洲中部的生态巨变造成了艾滋病毒的出现，更多的同类疾病正在蓄势待发之中。虽然人类征服了许多致命的病魔，但是吸烟、酗酒和吸毒产生的疾病和死亡率开始取代昔日传染病的威力，正在成为一种有效的选择机制。

在现代社会里，左右原始人演化的环境因素变成了心理因素。调查显示，社会阶层和死亡率有着密切的关系！如果以相同年龄为前提，将一个单位上层和下层人士进行比较，最低阶层公务员的死亡率是最高阶层的3倍。此外，两种惊人的遗传变化正席卷全球。一是几千年来分割全球人种的基因库开始融合。二是发达国家的出生率锐减，特别是受教育程度较高的人士生育的孩子较少。为此，人类的基因库正在迅速地发生变化，而过去影响人类进化的物质因素已经被社会和心理方面的因素所取代！

文化和科学技术是一把双刃剑，人类演化的未来是祸是福尚难预言。但愿我们不要像尼安德特人那样，把自身进化的列车驶上一条无处可去的轨道。

知识窗

我们对自身历史的好奇，不仅仅是对人类历史的探寻，其中还有一种强大的怀旧情结。我们今天所处的是一个急剧变化的时代，人口拥挤、资源枯竭、环境污染。人类的生存环境被剧烈地简化，世界上一度色彩斑斓、风情万种的民族文化和历史传统正在经济全球化的浪潮中迅速溃亡。当越来越多的民族群体在面对现代文明浪潮逐渐放弃他们的文化传统和生活方式时，考古学家便成为世界上濒危文化的保护者。当现代化建筑拔地而起，古朴的乡村和民居在城市改造中化为瓦砾时，也只有考古学家的铁铲和文物工作者的努力，才有望挽留部分文化遗产免于灰飞烟天。希望你们也能够成为保护人类遗产的一员。

拓展思考题

1. 人类演化的谱系和轨迹大概经历了怎样一种过程？

2. 为什么说人类演化到今天，生物进化"物竞天择、适者生存"的法则已经失效？

3. 过去有学者说文明是人类进化的一种"病态"，它会造成环境灾难和人口爆炸，你如何看待这个问题？

4. 我们能够为保护环境，让人类不至于重蹈古代物种绝灭和古代文明崩溃的覆辙做些什么？